三维激光扫描技术工程应用实践

Engineering Application and Practice of
3D Laser Scanning Technology

廉旭刚　胡海峰　蔡音飞　马宏兵　著

测绘出版社
·北京·

内 容 简 介

本书概述了三维激光扫描技术的概念与原理、分类与特点、应用领域,简要阐述了点云获取与处理方法、点云的三维建模技术。从五个方面介绍了三维激光扫描技术的工程应用实践,主要包括复杂建筑物、大型构筑物、文物保护、变形监测及其他领域。详细介绍了太原理工大学梅花教室、翔源火炬、行远楼、清韵轩的三维激光扫描及三维建模流程;太原红灯笼体育馆、南中环桥等钢架结构的三维激光扫描及三维建模流程;蒙山大佛等文物的三维激光扫描及三维建模流程;采矿扰动的地面灾害、高压线塔变形、铁路隧道变形的三维激光监测方法。

本书可作为测绘、文物保护、地质、矿业等行业技术人员的参考书,也可作为大专院校相关专业学生的学习教材。

图书在版编目(CIP)数据

三维激光扫描技术工程应用实践 / 廉旭刚等著.—
北京:测绘出版社,2017.9 (2021.1 重印)
ISBN 978-7-5030-4067-2

Ⅰ. ①三… Ⅱ. ①廉… Ⅲ. ①三维－激光扫描－研究
Ⅳ. ①TN249

中国版本图书馆 CIP 数据核字(2017)第 222035 号

| 责任编辑 | 王佳嘉 | 封面设计 | 李　伟 | 责任校对 | 石书贤 | 责任印制 | 吴　芸 |

出版发行	测绘出版社	**电　话**	010－68580735(发行部)
地　址	北京市西城区三里河路 50 号		010－68531363(编辑部)
邮政编码	100045	**网　址**	www.chinasmp.com
电子信箱	smp@sinomaps.com	**经　销**	新华书店
成品规格	169mm×239mm	**印　刷**	北京建筑工业印刷厂
印　张	13.75　彩插 7 面	**字　数**	266 千字
版　次	2017 年 9 月第 1 版	**印　次**	2021 年 1 月第 2 次印刷
印　数	1001－1600	**定　价**	58.00 元

| 书　号 | ISBN 978-7-5030-4067-2 |

本书如有印装质量问题,请与我社发行部联系调换。

前　言

　　三维激光扫描技术（3D laser scanning technology）是一种先进的全自动高精度立体扫描技术，又称为"实景复制技术"。不同于单纯的测绘技术，它可以通过获取的密集点云进行三维建模、特征信息提取。利用三维激光扫描技术获取的空间点云数据，可快速建立结构复杂、不规则的场景的三维可视化模型，既省时又省力，这种能力是现行的三维建模软件不可比拟的。

　　三维激光扫描仪已经成功应用于文物保护、城市建筑测量、地形测绘、采矿、变形监测、工业厂房和大型结构施工、管道设计、飞机船舶制造、公路铁路建设、隧道工程测量、桥梁改建等领域。最近几年，三维激光扫描技术不断发展并日渐成熟，三维扫描设备也逐渐商业化。三维激光扫描仪的巨大优势就在于可以快速扫描被测物体，不需反射棱镜即可直接获得高精度的点云数据，可以高效地对真实世界进行三维建模和虚拟重现。因此，其已经成为当前研究的热点之一，并在文物数字化保护、土木工程、工业测量、自然灾害调查、数字城市地形可视化、城乡规划等领域有广泛的应用。

　　通过综合分析三年来积累的三维激光扫描技术应用及实验案例，主要形成了几个特色：复杂建（构）筑物的精密扫描建模；采用 3D SLAM 技术对建筑物进行快速建模；三维激光扫描技术应用于变形监测领域，尤其是采动地面灾害监测、采动高压线塔变形监测、采动铁路隧道变形监测、相似材料模型试验变形监测。

　　全书共 6 章：第 1 章简要介绍三维激光扫描技术的概念与原理、分类与特点、应用领域，以及点云获取与处理方法和点云的三维建模技术；第 2 章介绍三维激光扫描技术在建筑物领域的应用；第 3 章介绍三维激光扫描技术在大型构筑物领域的应用；第 4 章介绍三维激光扫描技术在文物保护领域的应用；第 5 章介绍三维激光扫描技术在变形监测领域的应用；第 6 章简要介绍三维激光扫描技术在工业测量、电力测量、交通事故等领域的应用。

　　本书由廉旭刚副教授、胡海峰教授、蔡音飞博士、马宏兵高级工程师共同撰写。其中，第 1 章至第 3 章由廉旭刚撰写，第 4 章由蔡音飞撰写，第 5 章由胡海峰撰写，第 6 章由马宏兵撰写。全书由廉旭刚统稿。

　　在本书撰写过程中，感谢太原理工大学矿业工程学院刘鸿福教授的大力支持，感谢山西迪奥普科技有限公司的大力支持，感谢太原中瑞世航科技有限公司的大力支持，感谢太原理工大学测绘科学与技术系测绘工程专业学生做的大量基础工作，感谢研究生白宇、张涛、陈鹏飞、焦晓双、张文静在数据获取及处理方面提供的帮助。

由于三维激光扫描技术发展速度较快,尤其在一些特殊领域的应用还处于探索阶段,加之作者水平有限,错误与不当之处在所难免,恳请读者批评指正。

作者

2017 年 7 月

目　录

第1章　绪　论

§1.1　三维激光扫描技术概念与原理

1.1.1　概　念

三维激光扫描技术又称为高清晰测量（high definition surveying，HDS），是基于测绘技术发展起来的技术，但测绘方法不同于传统测绘技术。传统测绘技术是单点目标的高精度测量定位，它是对指定目标中的某一点位进行精确的三维坐标测量，进而得到一个单独的或一些离散的点坐标数据，应用此类技术的有三维坐标测量仪、全站仪、激光跟踪仪等。三维激光扫描则是对确定目标的整体或局部进行完整的三维坐标数据测量，得到完整的、全面的、连续的、关联的全景点坐标数据。它是利用激光测距的原理，通过记录被测物体表面大量密集点的三维坐标信息和反射率信息，将各种大型实体或实景的三维数据完整地采集到计算机中，进而快速复建出被测目标的三维模型及线、面、体等各种图件数据（罗旭，2006）。三维激光扫描结合其他各领域的专业应用软件，还可以将所采集的点云数据进行各种后处理应用。

1.1.2　基本原理

三维激光扫描仪的工作原理是通过发射红外线光束到旋转式镜头的中心，旋转检测环境周围的激光，一旦接触到物体，光束立刻被反射回扫描仪，根据红外线的位移数据计算激光发射点与物体的距离，最后通过编码器来测量镜头旋转角度和水平角度，以获得每个点的 X、Y、Z 坐标。激光扫描仪采用自动的、实时的、自适应的激光束聚焦技术（在不同的视距中），以保证每个扫描点的测距精度及位置精度足够高（金雯，2007）。

三维激光扫描仪发射器发出一个激光脉冲信号，经物体表面漫反射后，沿几乎相同的路径反向传回到接收器，可以计算出目标点 P 到扫描仪中心的距离 S，控制编码器同步测量每一个激光脉冲横向扫描角度观测值 α 和纵向扫描角度观测值 θ。三维激光扫描测量一般使用仪器自定义坐标系统，X 轴在横向扫描面内，Y 轴在横向扫描面内与 X 轴垂直，Z 轴与横向扫描面垂直，如图 1.1 所示（刘勃妮，2006）。假设任一点 P，则其原始测量数据为 (S, α, θ)。

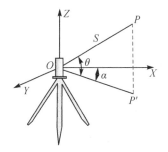

图 1.1　三维激光扫描仪自
定义坐标系统

由图 1.1 坐标系统可以得到 P 点三维坐标为

$$\left. \begin{array}{l} X = S\cos\theta\cos\alpha \\ Y = S\cos\theta\sin\alpha \\ Z = S\sin\theta \end{array} \right\} \quad (1.1)$$

然后,根据已知起算数据平移、旋转,将目标点位数据换算至用户坐标系统,则有

$$\left. \begin{array}{l} X_n = X_0 + X\cos\beta \\ Y_n = Y_0 + Y\sin\beta \\ Z_n = Z_0 + Z \end{array} \right\} \quad (1.2)$$

式中,X_n、Y_n、Z_n 表示各点转换为用户坐标系后的坐标,X_0、Y_0、Z_0 表示扫描仪中心点在用户坐标系中的坐标,β 表示三维激光扫描仪初始方位与用户坐标系中北方向的夹角。

三维激光扫描系统经过近几年的发展,在测程范围、测距精度、测量速度、测量采样密度、激光安全等方面取得了较大的进步,在测量数据处理软件功能方面也趋于完善(金雯,2007)。

§1.2　三维激光扫描系统分类与特点

1.2.1　分　类

根据三维激光扫描系统特性及技术指标的不同,可以将其划分为不同的类型。

1. 依据承载平台划分

从当前三维激光扫描测绘系统的空间位置或系统运行平台来划分,可以分为以下三类(马立广,2005):

(1)机载型激光扫描系统。此类系统由激光扫描仪(laser scanner,LS)、惯性导航系统(inertial navigation system,INS)、差分全球定位系统、成像装置、计算机及数据采集器、记录器、处理软件和电源构成。差分全球定位系统给出成像系统和激光扫描仪的精确空间三维坐标,惯性导航系统给出其空中的姿态参数,由激光扫描仪进行空对地式的扫描来测定成像中心到地面采样点的精确距离,在根据几何原理计算出采样点的三维坐标。

(2)地面型激光扫描系统。此类别可划分为两类:一类是移动式扫描系统,另一类是固定式扫描系统。

移动式扫描系统是集成了激光扫描仪、CCD 相机及彩色数字照相机的数据采集和记录系统、全球定位系统接收机,基于车载平台,由激光扫描仪和摄影测量获得原始数据作为三维建模的数据源。移动式扫描系统具有如下优点(于辉,2016):

能够直接获取被测目标的三维点云数据;可连续快速扫描;效率高,速度快。但是,该系统不足之处就是目前市场上的车载地面三维激光扫描系统的价格比较昂贵(500 万元以上),只有少数地区和部门使用。

固定式扫描系统类似于传统测量中的全站仪,它由一个激光扫描仪和一个内置或外置的数码相机,以及软件控制系统组成。二者不同之处在于固定式扫描仪采集的不是离散的单点三维坐标,而是一系列的点云数据。这些点云数据可以直接用来进行三维建模,而数码相机的功能就是提供对应模型的纹理信息。

(3)手持型激光扫描系统。这是一种便携式的激光测距系统,可以精确地给出物体的长度、面积、体积测量,可以帮助用户在数秒内快速地测得精确、可靠的结果。应用范围包括古建筑重建、建筑测量、洞穴测量和液面测量等。此类型的仪器配有联机软件和反射片。

2. 依据扫描距离划分

按三维激光扫描仪的有效扫描距离进行分类,目前国家无相应的分类技术标准,大概可分为以下四种类型:

(1)短距离激光扫描仪。此类扫描仪最长扫描距离只有几米,一般最佳扫描距离为 0.6~1.2 m,通常主要用于小型模具的量测。不但扫描速度快且精确度较高,可以在短时间内精确地给出物体的长度、面积、体积等信息。手持式三维激光扫描仪均属于此类扫描仪(王勋,2015)。

(2)中距离激光扫描仪。最长扫描距离只有几十米的三维激光扫描仪属于中距离三维激光扫描仪,它主要用于室内空间和大型模具的测量(张会霞,2010)。

(3)长距离激光扫描仪。扫描距离较长,最大扫描距离超过百米的三维激光扫描仪属于长距离三维激光扫描仪,它主要应用于建筑物、大型土木工程、煤矿、大坝、机场等的测量。

(4)机载(星载)激光扫描仪。最长扫描距离大于 1 km,系统由激光扫描仪、差分全球定位系统、惯性导航系统、成像装置、计算及数据采集、记录设备、处理软件及电源构成。机载激光扫描系统一般采用直升机或固定翼飞机做平台,应用激光扫描仪实时动态全球定位系统对地面进行高精度、准确的实时测量。

3. 依据扫描仪成像方式划分

按照扫描仪成像方式分为以下三种类型(王勋,2015):

(1)全景式扫描。全景式激光扫描仪采用一个纵向旋转棱镜引导激光光束在竖直方向扫描,同时利用伺服马达驱动仪器绕其中心轴旋转。

(2)相机式扫描。它与摄影测量的相机类似,适用于室外物体扫描,特别是长距离的扫描。

(3)混合型扫描。它的水平轴系统旋转不受任何的限制,垂直旋转受镜面的局限,集成了上述两种类型的优点。

4.依据扫描仪测距原理划分

依据激光测距的原理,可以将扫描仪划分成脉冲式、相位式、激光三角式、脉冲-相位式四种类型。

1.2.2 特 点

传统的测量设备主要是采用单点测量获取三维坐标信息。与传统的测量技术手段相比,三维激光测量技术是现代测绘发展的新技术之一,也是一项新兴的获取空间数据的方式。它能够快速、连续和自动地采集物体表面的三维数据信息,即点云数据,并且拥有许多独特的优势。它的工作过程就是不断地采集和处理信息,并通过具有一定分辨率的三维数据点组成的点云图来表示物体表面的采样结果。三维激光扫描技术具有以下特点:

(1)非接触测量。三维激光扫描技术采用非接触扫描目标的方式进行测量,无须反射棱镜,对扫描目标物体不需要进行任何表面处理,直接采集物体表面的三维数据,所采集的数据完全真实可靠。可以用于解决危险目标、环境(或柔性目标)及人员难以企及的情况,具有传统测量方式难以完成的技术优势。

(2)数据采样率高。目前,三维激光扫描仪采样点速率可达到每秒百万点,可见采样速率是传统测量方式难以比拟的。

(3)主动发射扫描光源。三维激光扫描技术采用主动发射扫描光源(激光),通过探测自身发射的激光回波信号来获取目标物体的数据信息。因此,在扫描过程中,可以实现不受扫描环境的时间和空间约束,可以全天候作业,不受光线的影响。工作效率高,有效工作时间长。

(4)高分辨率、高精度。三维激光扫描技术可以快速、高精度获取海量点云数据,可以对扫描目标进行高密度的三维数据采集,从而达到高分辨率的目的。单点精度可达 2 mm,间隔最小 1 mm。

(5)数字化采集,兼容性好。三维激光扫描技术所采集的数据是直接获取的数字信号,具有全数字特征,易于后期处理及输出。用户界面友好的后处理软件能够与其他常用软件进行数据交换及共享。

(6)可与外置数码相机、全球定位系统(Global Positioning System,GPS)配合使用。这些功能大大扩展了三维激光扫描技术的使用范围,对信息的获取更加全面、准确。外置数码相机的使用,增强了彩色信息的采集,使扫描获取的目标信息更加全面。全球定位系统的应用,使得三维激光扫描技术的应用范围更加广泛,与工程的结合更加紧密,进一步提高了测量数据的准确性。

(7)结构紧凑、防护能力强,适合野外使用。目前常用的扫描设备一般具有体积小、重量轻、防水、防潮,对使用条件要求不高,环境适应能力强,适于野外使用等特点。

(8)可直接生成三维空间结果。生成的结果数据直观,在进行空间三维坐标测量的同时,获取目标表面的激光强度信号和真彩色信息,可以直接在点云上获取三维坐标、距离、方位角等,并且可应用于其他三维设计软件。

(9)全景化的扫描。目前水平扫描视场角可实现 360°,垂直扫描视场角可达到 320°。更加适合复杂的测量环境,提高扫描效率。

(10)激光的穿透性。激光的穿透特性使得地面三维激光扫描系统获取的采样点能描述目标表面不同层面的几何信息。它可以通过改变激光束的波长,穿透一些比较特殊的物质,如水、玻璃及低密度植被等,激光的这种特性使透过玻璃、水面,以及穿过低密度植被的采集成为可能。奥地利 Riegl 公司的 V 系列扫描仪基于独一无二的数字化回波和在线波形分析功能,实现超长测距能力。其中 VZ-4000 甚至可以在沙尘、雾天、雨天、雪天等能见度较低的情况下使用,并进行多重目标回波的识别,在矿山等困难环境下也可轻松使用。

§1.3　三维激光扫描技术应用领域

随着三维激光扫描测量技术、三维建模算法和软件的研究及扫描设备硬件环境的不断发展,三维激光扫描技术应用领域日益扩大,逐渐从科学研究进入人们的日常生活。目前,应用领域主要有建筑设计、城市规划、土木工程、工厂改造、室内设计、建筑监测、文物古迹保护、交通事故处理、法律证据收集、灾害评估、船舶设计、数字城市、军事分析等(李智临,2012)。主要有以下几方面的应用:

(1)各种产品和项目的战略规划、虚拟现实、系统仿真、实效推演及相关的分析和评估工作。例如,工业领域内的模具设计和加工、汽车检测、质量监控及技术改进等;对时下流行的反恐领域,可以用于地形测绘、监视侦查、灾害评估;对犯罪现场或者交通事故现场进行相关反演,生成现场模拟图;动态监测高危现场,如森林火灾、核电站的灾害预警和现场监测等。

(2)实物原始结构形态及三维数据的现场采集、还原改进、三维逆向重构、体积计量、面积计量、距离计量、角度计量、结构分析、校验正向设计、逆向反求、结构特性测试等。例如,考古测量中的文物修复、古迹保护、赝品成像、遗址测绘及建立虚拟模型、土石方计算、现场影像记录、城市环保评估,以及模拟三维城市框架等。

(3)工程规划、管道布线、评估方案、三维可视化操作、校验等工程改造项目。例如,河道、铁路、公路、地基、管道线路测绘,竣工测量,城市固定资产管理,城市环保影响研究,虚拟城市及建筑物模拟,实景制图等工程项目。

(4)变形监测、维修检测、强度分析、加载分析等监测项目。例如,地质领域的边坡稳定性监测、矿场勘测及发展分析、地表植被测绘、废料处置测量、回收监控测量等。

(5)虚拟现实应用或可视化管理。如虚拟设计、制造、视图等应用。

(6)工程项目的无纸化二维制图还原。如为老旧设施的重建提供城市大比例尺 GIS 数据源等。

(7)森林和农业资源调查。三维激光扫描仪对森林进行扫描后,通过比较动态测量结果可以了解森林的局部和整体动态变化。

§1.4　点云数据的获取及处理方法

1.4.1　点云数据的获取

三维激光扫描仪的主要构造是一台高速精确的激光测距仪,配上一组可以引导激光并以均匀角速度扫描的反射棱镜,集成 CCD 和仪器内部控制和校正系统等。其工作原理是:激光脉冲发射器周期地驱动激光二极管发射激光脉冲,然后由接收透镜接收目标表面后向反射信号,产生接收信号;利用稳定的石英时钟对发射与接收时间差作计数,根据激光发射和返回的时间差计算被测点与扫描仪的距离;同时根据水平方向和垂直方向的偏转同步测量每个激光脉冲的横向扫描角度观测值和纵向扫描角度观测值,然后实时计算被测点的三维坐标(彭维吉 等,2013)。表 1.1 为常见三维激光扫描仪及其参数,其中大部分扫描仪仅仅是该公司一系列产品中的某一个型号。

1.4.2　点云数据预处理

三维激光扫描仪测量所得的数据量非常庞大,这些密集而连续的点数据一般被称为点云(point-cloud)。由于测量环境、被测物体的表面质量和对比度等影响,测量过程中产生噪声点是不可避免的,噪声点的存在使几何造型的质量明显下降。另外,大量的数据点也使整个点处理过程变得非常耗时,效率低下(金雯,2007)。该因素给工程技术人员带来很大的不便,因此需要在重构曲面前对数据点进行预处理。

1. 点云拼接

点云数据处理时,坐标纠正(又称为坐标配准、点云拼接)是最主要的数据处理之一。由于目标物的复杂性,通常需要从不同方位扫描多个测站,才能把目标物扫描完整,每一测站扫描数据都有自己的坐标系统,三维模型的重构要求把不同测站的扫描数据纠正到统一的坐标系统下(张会霞,2010)。

在扫描区域中设置控制点或标靶点,使得相邻区域的扫描点云图上有三个以上的同名控制点或标靶点,通过控制点的强制附合,将相邻的扫描数据统一到同一个坐标系下,该过程称为坐标纠正。每一测站获得的扫描数据都以与本测站及扫

描仪的位置和姿态有关的仪器坐标系为基准,需要解决的坐标变换参数共有 7 个:
3 个平移参数、3 个旋转参数、1 个尺度参数。目前,国内外对于点云数据的坐标配
准的研究都比较多,也已经有成熟的软件,如 Cyclone、PolyWorks 软件。

表 1.1　常见三维激光扫描仪及其参数

三维激光扫描仪	型号及技术参数
	法如 Focus3D X330: 测量范围:0.6~330 m 测量速率高达 976 000 点/秒 距离精度:2 mm 垂直/水平视野:300°/360°
	Z+F IMAGER 5006h: 测量距离可达 79 m 数据获取速率:1 016 727 点/秒 线性误差(50 m 处):1 mm 垂直/水平视野:310°/360°
	Optech ILRIS-3D: 测距精度:3 mm 测距范围可达 1 500 m 数据采集率:2 000 点/秒 垂直/水平视野:40°/40°
	徕卡 ScanStation C10: 单次测量精度:点位 6 mm,距离 4 mm 范围:300 m@90%、134 m@18%反射率(最短 0.1 m) 扫描速率可达 50 000 点/秒,最大即时扫描速率 L 视场角:水平 360°,垂直 270°
	RIEGL VZ-4000: 超远距离可达 4 000 m 扫描视场角:60°×360°(垂直×水平) 激光发射频率高达 200 000 点/秒 高精度:15 mm
	徕卡 Nova MS50: 扫描精度:0.6 mm 扫描速率:300 m 内 1 000 点/秒 免棱镜测量距离长达 2 000 m

　　点云拼接的方法有以下几种:①基于标靶拼接;②基于点云拼接;③基于控制
点拼接;④基于特征点云的混合拼接。

2. 点云降噪

三维激光扫描仪在扫描工作时,由于被测物体的位置、亮度、颜色等各种因素的影响,在测量过程中会产生如图 1.2 所示的脉冲噪声点,这些噪声点在数据预处理过程中会影响模型的精度,应予以消除。

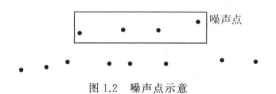

图 1.2　噪声点示意

在处理由随机误差产生的噪声点时,要充分考虑点云数据的分布特征,根据分布特征采用不同的噪声点处理方法。目前点云数据的分布特征主要有:①扫描线点云数据;②阵列式点云数据;③三角化点云数据;④散乱点云数据。第一种数据属于部分有序数据,第二种和第三种数据属于有序数据。这三种形式的点云数据的数据点之间存在拓扑关系,采用平滑滤波的方法就可以进行去噪处理。常用的滤波方法有高斯滤波、中值滤波、平均滤波。对于散乱点云数据,由于数据点之间没有建立拓扑关系,目前还没有一种快速、有效的方法。

3. 数据缩减

三维激光扫描仪测量的点云有时比较密,如零件扫描测量的点距一般为 1 mm 左右,即使是在平面上也同样会测得几兆的数据点。但事实上,特征点位于曲率变化较大的曲面上,1 条线只需要 2 个点确定,1 个平面仅需要 3 个点就够了。扫描得到的数据点远远超过重构几何模型所需的数据点,它不仅给空间带来极大的浪费,而且在时间上也花费了多余时间。因此,对于三维激光扫描得到的点云数据进行缩减是很有必要的。

数据缩减是对密集的点云数据进行缩减,从而实现点云数据量的缩小。通过数据缩减,可以极大地提高点云数据的处理效率。通常有两种方法进行数据缩减:

(1) 在数据获取时对点云数据进行简化。根据目标物体的形状以及分辨率的要求,设置不同的采样间隔来简化数据,同时使相邻测站没有太大的重叠。这种方法效果明显,但会大大降低分辨率。

(2) 在正常采集数据的基础上,利用一些算法进行缩减。常用的数据缩减算法有基于德洛奈(Delaunay)三角化的数据缩减算法、基于八叉树的数据缩减算法、点云数据的直接缩减算法。

4. 区域分割

在曲面重构中,实际的曲面模型往往含有多个曲面几何特征,即由多张曲面组成。如果对使用激光法测量的点云数据直接进行拟合,将会造成曲面模型的数学表示和拟合算法处理的难度加大,甚至无法用较简单的数学表达式描述曲面模型。对曲面进行区域分割,可以保证每个区域几何特征单一,不仅在重构曲面或曲面局部修改时,能用简单的数学模型表示,而且还能提高曲面模型重构的效率(金雯,2007)。

区域分割的主要目的是检测出数据点中某一指标值变化较大的点,如 Z 坐标值或曲率值。因为这些点可以按照指定的要求确定某一区域的边界,将点云数据分割成多个区域。由于每个区域具有单一的几何特征,可用较为简单的数学方程来建立模型,以此重构出单张曲面。

曲线的边晃点一般可分为阶跃边界、褶皱边界和光滑边界,如图 1.3 所示。

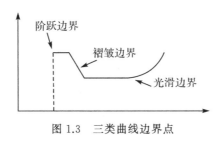

图 1.3　三类曲线边界点

§1.5　点云的三维建模技术

目前,国外的专业建模软件应用较多,国内的软件开发刚刚起步,数量较少并且市场占有率较低。下面简要介绍部分专业建模软件、相关插件软件与模型渲染软件。

1.5.1　Geomagic Studio

Geomagic Studio 是 Geomagic 公司产品的一款逆向软件,可根据任何实物零部件通过扫描点点云自动生成准确的数字模型。作为自动化逆向工程软件,Geomagic Studio 还为新兴应用提供了理想的选择,如定制设备大批量生产、即定即造的生产模式以及原始零部件的自动重造。Geomagic Studio 可以为 CAD、CAE 和 CAM 工具提供完美补充,可以输出行业标准格式,包括 STL、IGES、STEP 和 CAD 等众多文件格式。

Geomagic Studio 主要功能有:自动将点云数据转换为多边形;快速减少多边形数目;把多边形转换为 NURBS 曲面;曲面分析(公差分析等);输出与 CAD、CAM 和 CAE 匹配的档案格式(IGS、STL、DXF 等)(袁根华,2011)。

1.5.2　SketchUp

SketchUp 是一套直接面向设计方案创作过程的设计工具,其创作过程不仅能够充分表达设计师的思想,而且完全满足与客户即时交流的需要。它使设计师可以直接在计算机上进行十分直观的构思,是三维建筑设计方案创作的优秀工具。

SketchUp 是一个极受欢迎且易于使用的三维设计软件,官方网站将它比作电子设计中的"铅笔"(黄检文,2016)。它的主要卖点就是使用简便,人人都可以快速上手。并且用户可以将使用 SketchUp 创建的三维模型直接输出至 Google Earth 里。@Last Software 公司成立于 2000 年,规模较小,却以 SketchUp 而闻名。SketchUp 软件有着丰富的组件资源,能让设计者更加直观地进行框架构思,操作风格简洁,命令简单易懂,是一款不错的三维建模软件,在建筑领域有着广泛的运用。

1.5.3　Imageware

Imageware 由美国 EDS 公司出品,后被德国 Siemens PLM Software 收购,现在并入旗下的 NX 产品线,是最著名的逆向工程软件。Imageware 因其强大的点云处理能力、曲面编辑能力和 A 级曲面的构建能力而被广泛应用于汽车、航空、航天、消费家电、模具、计算机零部件等设计与制造领域。

1.5.4　Pro/Engineer

Pro/Engineer 操作软件是美国参数技术公司(PTC)旗下的 CAD、CAM 和 CAE 一体化的三维软件。Pro/Engineer 软件以参数化著称,是参数化技术的最早应用者,在目前的三维造型软件领域中占有重要地位。Pro/Engineer 作为当今世界机械领域 CAD、CAE 和 CAM 的新标准而得到业界的认可和推广,是现今主流的 CAD、CAM 和 CAE 软件之一,特别是在国内产品设计领域占据重要位置(王治雄,2010)。

Pro/Engineer 首先提出了参数化设计的概念,并且采用了单一数据库来解决特征的相关性问题。另外,它采用模块化方式,用户可以根据自身的需要进行选择,而不必安装所有模块。Pro/Engineer 的基于特征方式,能够将设计至生产全过程集成到一起,实现并行工程设计。它不但可以应用于工作站,而且也可以应用到单机上。

1.5.5　Pointools

Pointools 软件是配合三维激光扫描仪进行后处理应用的产品,它实现了与 AutoCAD、SketchUp 等软件的无缝结合。用户能够利用它在 AutoCAD 和 SketchUp 等环境中输入海量的三维激光扫描数据和数码影像数据,并对其进行编辑、处理。利用软件功能,可以对点云进行隐藏或显示操作,为三维环境下的数据处理提供了方便。Pointools 软件支持点捕捉功能,甚至可以精确辨认三维坐标中的每个单独点。利用这些信息,通过标准的 AutoCAD 命令可直接提取扫描物体的精确几何特性。

1.5.6 3ds Max

3ds Max 是著名软件开发商 Autodesk 开发的基于 PC 的三维渲染制作软件。它的前身是基于 DOS PC 系统的 3D Studio 软件。3ds Max 凭借其图像处理的优异功能,被用于电脑游戏的动画制作,后来用于制作电影特效。目前在三维造型领域有着广泛的应用。

3ds Max 软件的主要特点有:三维数据处理功能强大,扩展性很好;模型功能强大,动画方面有较强的优势,插件丰富;操作简单,容易上手,制作的模型效果非常逼真。

3ds Max 软件的主要应用领域有:虚拟现实的运用、场景动画设置、三维模型建立、材质设计、路径设置和创建摄像机等。

1.5.7 V-Ray

V-Ray 是由 Chaos Group 和 Asgvis 公司出品,中国由曼恒公司负责推广的一款高质量渲染软件。V-Ray 是目前业界最受欢迎的渲染引擎。基于 V-Ray 内核开发的有 3ds Max、Maya、SketchUp、Rhino 等诸多版本,为不同领域的优秀三维建模软件提供了高质量的图片和动画渲染(杨帆,2011)。

针对不同的扫描对象特点,三维建模一般都是采用多种软件组合来完成的,主要步骤包括点云数据获取、点云数据处理、三维模型构建、纹理映射、模型渲染。

第2章 三维激光扫描技术在建筑物领域的应用

本章以太原理工大学虎峪校区梅花教室、翔源火炬,明向校区行远楼、清韵轩为对象,使用徕卡 MS50 三维激光扫描仪、3D SLAM 背包式扫描仪采集点云数据,采用多种软件对不同特点的点云数据进行处理及三维建模。

§2.1 太原理工大学梅花教室三维激光扫描及建模

2.1.1 现场激光扫描测量

使用徕卡 MS50 三维激光扫描仪(图 2.1)对太原理工大学虎峪校区梅花教室进行扫描,其作业流程如下。

图 2.1 徕卡 MS50 三维激光扫描仪

1. 踏勘

踏勘过程中需要注意查看已有控制点保存情况、目前使用的可能性,并设计控制点连测的初步方案。

2. 测量方案制定

根据扫描对象的空间位置、形态、设计扫描精度和目标分辨率确定扫描站点的位置,绘制现场方位和模型草图,并对主要的扫描对象进行拍照。在实地踏勘后,在梅花教室周边设置 5 个测站,如图 2.2 所示,分别位于梅花教室的 5 个方位。

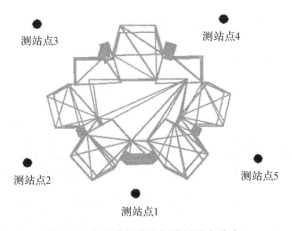

测站点3　　　　　测站点4

测站点2　　　　　测站点5

测站点1

图 2.2　梅花教室激光扫描测站点分布

3. 现场测量

(1)仪器安置。连接好仪器各部,在测站点上完成仪器的对中、整平。

(2)仪器参数设置。开机后,进行扫描参数设置,包括文件名、扫描范围、分辨率、标靶类型等。

(3)开始扫描。每站扫描完成后,检查扫描参数设置是否正确、扫描是否完成等,确认无误后保存扫描结果。退出单次项目后关闭扫描系统电源,装箱搬站。

(4)换站扫描。在新的站点上,重复前一个测站步骤,直到最后完成全部的扫描对象。

在整个作业过程中,还需注意确认现场电源位置和供电方案,避免发生由于中途断电而中断扫描和延误时间的情况。

2.1.2　点云数据处理

三维激光扫描系统扫描得到的点云数据量非常大,扫描数据的处理是一项复杂的工作,可细分为点云去噪和平滑、数据配准、数据分割、数据缩减、曲面拟合和建立空间三维模型等方面。点云数据处理的结果将直接影响后期三维模型建立的质量(吴晨亮,2014)。实际应用中,应根据研究对象的模型特点和三维激光扫描数据的特点及建模需求,选用合适的数据处理方法。

1. 点云及全景照片

三维激光扫描结果是离散的点云数据,是进行后续工作的重要依据。利用这些数据进行空间距离测量,对建筑物进行三维建模,重建得到更加逼真的建筑物模型。将数据导入徕卡 Cyclone 建模软件中,在 Cyclone 环境 ModelSpace 模块下显示测站点 1、2 的点云,如图 2.3 所示。

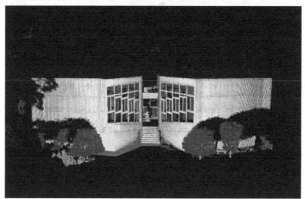

图 2.3　梅花教室测站点 1、2 点云

　　采集的点云数据在处理后将还原成为三维模型。为了在建模后达到更逼真的效果,纹理数据的获取显得格外重要。徕卡 MS50 三维激光扫描仪自带的照相系统,可以在扫描的同时获取对应的全景照片,如图 2.4 所示,在配套软件中经过校准,便可作为扫描数据的纹理进行最后的渲染,同时也可以作为后续人工纹理贴图的依据。

2. 点云拼接

　　由于地面三维激光扫描原理的限制,每个测站只能得到建筑物一部分的扫描数据。为了构建完整的三维模型,必须在不同的站点对建筑物进行扫描,最终各站的点云数据的并集需要包含整个三维建筑物表面的完整数据。

　　实际操作中,建筑物表面的完整点云数据需通过搬动扫描仪来获取。扫描仪在建筑物周围不同的位置扫描了多站数据,各站数据的坐标系统并不统一。在拼接建筑物表面的点云数据时,需将这些数据统一到约定的坐标系统中。

　　本案例使用的点云采集设备是徕卡 MS50 三维激光扫描仪,使用其配套软件进行多站点的点云拼接。

图 2.4　梅花教室测站点 1、2 全景照片

1）基于点云的拼接

基于点云数据拼接时要确保各测站扫描的对象目标区域有一部分的重叠，且重叠部分需有明显的地物特征点，保证在拼接时能找到相同的点，提高拼接的精度。

使用 Cyclone 软件 Registration 模块完成点云的拼接。

第 1 步：新建两个放置待拼接数据的文件夹，命名为 ScanWorld1、ScanWorld2（简称为 S1、S2），分别存放一个测站的扫描点云数据。图 2.5 和图 2.6 为 S1、S2 的视图。

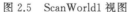

图 2.5　ScanWorld1 视图　　　　　　　图 2.6　ScanWorld2 视图

第 2 步：创建一个 Registration 文件，进入 Registration 把需要进行拼接的文件添加到拼接窗口中，然后选择三个或三个以上的同名点作为附加的约束条件，确保拼接顺利完成，如图 2.7 所示。

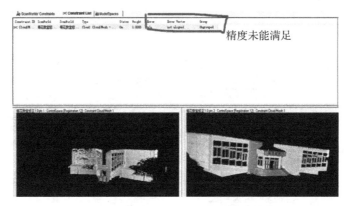

图 2.7　ScanWorld1 和 ScanWorld2 拼接

第 3 步：为每个测站建立 ScanWorld 下观察视图，缩放并调整位置，重复第 2 步直至建筑物模型整体拼接完成。

本案例使用基于点云的方法进行拼接没有成功，因为数据扫描时有较多遮挡物，导致数据不完整，在寻找同名点时，很难精确匹配，难以满足拼接的要求。

2) 基于控制点的拼接

三维激光扫描系统可以和全站仪或者 GPS 技术一起使用。先用全站仪或者 GPS 进行控制测量，为了提高拼接精度，对拼接区内的公共控制点进行精细扫描，完成扫描仪的定向，然后对目标实体进行扫描，最后根据控制点拼接各个测站点云数据。拼接方法与同名点的拼接过程基本一致，不同之处在于约束条件是以坐标的形式添加的(张亚,2011)。本次测量由仪器自动记录控制点信息。

第 1 步：将各站扫描数据导入 Cyclone 软件，赋予各站控制点信息，系统会根据差分算法将所有点云数据转换到同一个参考系下(吴晨亮,2014)。

第 2 步：构建三维模型时，因为各站数据均具有大地坐标，也就是统一的参考坐标系，点云数据会自动拼接。

第 3 步：使用 Unify Clouds 点云统一对话框，将一个 ModelSpace 里的多块点云合成为一个单一有效的点云。Unify Clouds 命令可应用于包含了多个 ScanWorld 和大量点云的拼接。

本案例使用基于控制点三维坐标的多视点云数据拼接如图 2.8 所示，该方法得到的拼接中误差一般为 2～4 mm。

3. 点云降噪

由于扫描范围比扫描对象大和外界环境遮挡等原因，激光扫描仪在获取实体表面数据时，会将能探测到的所有信息都记录下来，不可避免地将一些不需要的信息也扫描进来，因此需要通过手动或自动的方法将需要的数据分离出来。统计结果显示，在测量得到的点云数据中，需要剔除 0.1%～5% 的噪声点(饶毅 等,2017)。

图 2.8　基于控制点三维坐标的多视点云数据拼接

通过点云降噪可降低或消除噪声对后续建模质量的影响。根据噪声产生的不同原因,采取相应的方法消除噪声:第一类噪声属于系统固有的噪声,要过滤此类噪声可以对扫描参数进行调整或采取平滑、滤波处理等方法;第二类噪声是由于被测景观表面粗糙度、波纹、表面材质等因素产生的误差,可通过调整扫描仪与扫描物体之间的距离、增强被扫描物体的反射率来解决;第三类噪声是指在扫描的过程中因为一些偶然的因素被扫描进去成为点云数据的一部分,如建筑物前的车辆、路过的行人、树木等,一般用人工交互的办法解决,如设置合适的阈值或手动删除(张亚,2011)。第四类噪声是偶然产生的,此类噪声可用手动、半自动和自动的方法删除。手动的方法可通过选中不需要的点云数据,删除即可;自动、半自动的方法通过判断点云的中点到原点的距离,设置阈值,保留(或删除)大于阈值数据。

数据的平滑一般采用中值、平均或者标准高斯滤波方法,不同方法对三维激光扫描点云数据进行平滑处理后的效果不同,如图 2.9 所示。中值滤波算法是利用滤波窗口内各个点云数据的中值作为滤波的标准,该算法可以较好地消除一些尖锐的点云数据;均值滤波算法是利用滤波窗口内各个点云数据的均值作为滤波的标准;高斯滤波算法是利用在指定区域内的权重作为滤波的标准,该算法能够比较完整地保存目标物的点云数据形态。在实际的去噪操作中,应该根据后续工作需要的点云精度选择合适的去噪方法,以便更好地进行数据处理和建模工作。

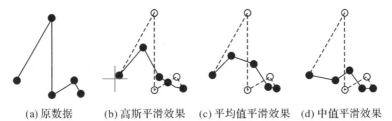

(a)原数据　　(b)高斯平滑效果　(c)平均值平滑效果　(d)中值平滑效果

图 2.9　常见滤波方法

　　本案例扫描对象为建筑物,由于是近距离扫描,在经过数据分离等处理后,已能满足精度要求。数据噪声主要为第四类,在 Cyclone 软件中的处理过程有以下几步:

　　第1步:梅花教室扫描噪声产生的原因主要是其周围有很多树木、花丛、汽车等。在 Cyclone 软件中选中噪声数据框选工具 Fence|Delete Inside,以手动方式删除明显的且与建筑物表面距离较远的噪声点。降噪前和降噪后同一墙面的效果如图 2.10(彩图见附录)和图 2.11 所示。

图 2.10　梅花教室某一外立面降噪前效果(红色为噪点,黄色为建筑主体)

图 2.11　梅花教室某一外立面降噪后效果

　　第2步:针对局部细节的去噪,可以采用点云分割工具 Segment|Cut by Fence,将主体建筑分割成几个部分,然后将视图旋转 90°,重复上述操作。分割某一区域部分点云至少要从 2 个视点选择分割,如果仍没有分割出满意的数据,则要继续分割,直到目标对象完全分割出来为止,如图 2.12 所示。分割完成后利用框选工具删除噪点,如图 2.13 所示。本案例模型内部的噪声点基本都是靠手工剔除,工作量巨大,剔除噪声点后的梅花教室效果如图 2.14 所示。

图 2.12　分割后的部分建筑物的点云

俯视视角框选噪点

图 2.13　局部细节的噪点剔除

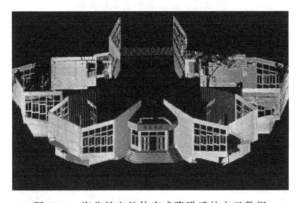

图 2.14　梅花教室整体完成降噪后的点云数据

4. 点云数据缩减

三维激光扫描设备能够高精度、快速地扫描目物体表面,扫描得到的数据点多达几亿,如果不经过处理,直接导入计算机中进行操作,将会给运算和存储带来极大负担。而且,有很多冗余数据没必要参与到后续的建模工作中,这些冗余数据还可能会混淆一些特征点,使操作人员判断错误,造成干扰。因此需要对海量点云数据进行精简处理,提高后期数据处理的效率。

数据缩减是对密集的点云数据进行简化压缩处理,从而减少点云数据量。缩减操作是要将密度较大的点云数据精简成能够保持目标物几何视觉特征的点云集。多站数据在进行拼接后得到了完整的点云模型,但也会生成大量重叠区域的数据,这些数据会占用大量资源,降低操作和存储的效率,还会影响点云建模的效率和质量。对于过密的点云数据可以采用抽稀简化的方法,简单的如重采样(设置点的间距),复杂的如利用曲率和网格简化。

本案例使用 Unify Clouds 命令进行重采样抽稀简化,如图 2.15 所示,需设定重采样间距的参数,选择 Reduce Cloud|Average Point Spacing 设定采样的间距,该尺寸代表了在三维空间中最密集区域的点的间隔。重采样前后效果对比如图 2.16 和图 2.17 所示。

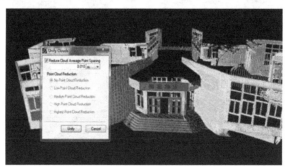

图 2.15　点云数据重采样操作

图 2.16　采样前墙面效果

图 2.17　采样后墙面效果

2.1.3　建筑物三维建模

三维建模即对三维物体建立适合计算机处理和表示的数学模型,也是在计算机中建立表达可视世界的虚拟现实的关键技术。三维激光扫描技术因其在测量中能将各种物体表面的点云数据快速、准确地记录到计算机中,在记录位置信息的同时记录物体表面反射率,使重构的三维实体更加生动,而经常被用于建筑测量维护、仿真和外观结构的三维建模。

1. 模型建立

本案例以太原理工大学梅花教室为例,利用 Cyclone 软件 ModelSpace 模块进行建模。利用采集的点云数据拟合平面或者曲面,根据模型的大小进行分块,组合建模过程如下。

1) 分割点云

建立模型时要分块处理,由于已建立的模型会遮挡视线,要不断地选择合适的视角来完成建模。利用 Cyclone 分割技术,把梅花教室分为几个部分。首先从某一角度选定所需点云数据,用 Create Object | Segment Cloud | Cut Sub-Selection 功能将选定的点云分割出来;然后将视图旋转 90°,重复上述操作。分割某一区域点云至少要从两个视点选择分割,如果仍没有分割出满意的数据,则要继续分割,直到目标对象完全被分割出来为止。对分割出的部分建筑物,选择合适的方法建立模型。图 2.18、图 2.19、图 2.20 为上述分割过程。

2) 拟合平面

Cyclone 中提供了多种建模的方法,如点云拟合、区域增长等。根据不同区域的特点选择不同的方法,如大范围的平面可以采用点云拟合的方法。在平面拟合过程中,需对各个面单独进行拟合,首先重定义视角为扫描仪的视角,然后缩放或者选择聚焦点在墙面上进行建模,即把墙面创建为一个平面。一个点并不能代表一个平面,为了提高拟合平面的精度,需要在平面上选择多个点参与运算,如图 2.21 所示。

图 2.18　分割前梅花教室

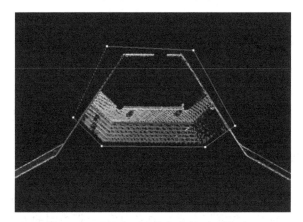

图 2.19　用框选工具进行分割（鸟瞰视角）

图 2.20　分割出的梅花教室局部

图 2.21　选择多点进行平面拟合

用框选工具选择目标,执行 Segment|Cloud|Cut by Fence 生成平面,如图 2.22 所示。

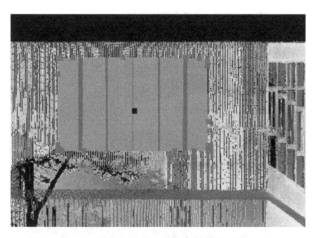

图 2.22　平面拟合结果

平面拟合后,可以查看拟合得到的平面的精度信息,如均差、标准差、最小误差、最大误差,如图 2.23 所示。

细节部分可以选择区域增长的方法拟合。梅花教室门窗较多,在建模过程中要掌握技巧,先选定要拟合部分的点云,再在多选模式下从区域中心选中一个点,采用区域增长的方法构建一个平面。在不同的点云块上选取点,区域的生成也会通过所有选择的点来计算,寻找区域内关联的点,然后通过调整区域生成控制参数(点云厚度、点云跳跃值),得到想要的区域来进行拟合工作。图 2.24 为区域生成的过程,图 2.25 为应用区域生成拟合的平面。

使用 Make Rectangular 功能将平面拟合为矩形,方便对模型进行编辑,如图 2.26 所示。

图 2.23　拟合得到的平面的精度信息

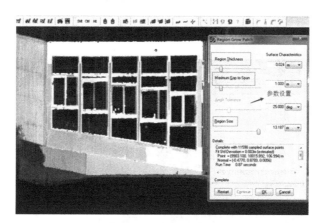

图 2.24　区域生成过程

图 2.25　区域生成拟合的平面

图 2.26　简化平面为矩形

3）窗口制作

平面拟合就是把整个墙面拟合为一个平面，但墙面上的窗户部分也会被拟合出来的平面所掩盖，无法显示窗户的位置和大小，需根据窗户点云数据确定窗户形态。先把模型调整为正视图，再使用抠除工具使墙面镂空，得到模型中窗户部分，如图 2.27 和图 2.28 所示。

图 2.27　墙面上窗户的抠除

4）台阶制作

在扫描的时候，只能获得台阶正面和顶面的点云数据。Cyclone 软件提供了通过两个面生成 Box 的功能。将扫描得到的台阶点云，通过 Copy Fence to New ModelSpace 命令，创建新的 ModelSpace，选中台阶正面的面，通过 Fit Fence | Box 命令生成台阶，如图 2.29 所示。

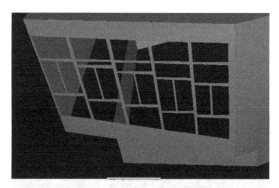

图 2.28　抠除完成的墙面

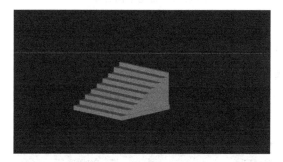

图 2.29　台阶模型效果

5）墙角顶点的创建

墙角顶点是三个墙面的交汇处，通过创建三个墙面的模型，交出一个墙角。Cyclone 软件提供了一种有效、快捷的拟合墙角的方法。在墙角处框选点云，然后分割框中的点云，利用分割的墙角的点云，用命令 Create Object｜Fit to Cloud｜Corner 拟合创建该墙角，如图 2.30 所示。

图 2.30　墙角示意

6）**房顶创建**

在俯视视角下根据建筑物形状利用二维画笔画出要建立的平面,右键选中区域后选择 Create Drawing,利用 Create Object｜From Carves｜Pat 命令生产房顶平面,如图 2.31 和图 2.32 所示。

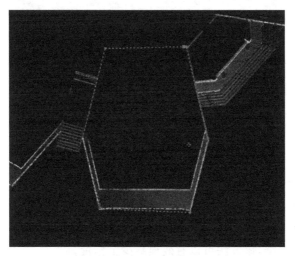

图 2.31　画笔描绘房顶形状过程

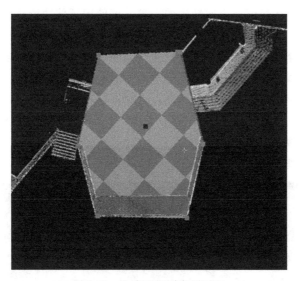

图 2.32　生成不规则房顶平面

打开旋转平移工具,调整空间位置,将建立的平面移动到模型合适的位置,如图 2.33 所示,完成房顶的创建。

图 2.33 房顶创建效果

7）编辑模型修补漏洞

采集数据时遮挡造成数据的缺失，可根据现场记录和拍摄的照片，对模型进行修正。本案例梅花教室是对称建筑物，制作其一半的模型，另外一半通过平移、旋转等功能就可以补全，该方法可以有效地减少工作量。

平面闭合生成墙角：在进行平面拟合的时候，由于点云的缺失或其他墙面数据的影响，会使平面在交汇处出现缺失的现象。可使用延伸功能，将相交的平面延伸并形成墙角；也可以使用参考面或其他墙面作为参照来延伸墙面。

延展面：拟合出来的墙面由于数据采集的问题可能是不规则多边形，与实际情况不符，可以把多边形墙面延展成实际墙面的形状。

平面的旋转和平移：采集的建筑物点云数据存在噪点数据，这些噪点可能使拟合的平面和点云数据在空间位置上存在偏差，需要将拟合后的平面通过旋转和平移尽量匹配成原始数据的形状。

最终梅花教室的三维模型如图 2.34 所示（彩图见附录）。

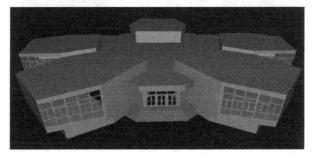

图 2.34 梅花教室三维模型

2. 建筑物特征线的提取

建筑物主要的形状参数即建筑物的特征面、特征线和特征点。特征线是联系其他两个参数的纽带,特征点可以由特征线相交得到,特征面可以由特征线共面来定义。特征线一般包括建筑物的边界线、轮廓线及阶梯线等。

建筑物的立面图或俯视图是把建筑物正射投影到某个平面,绘制建筑物的外轮廓及内部细节,用于表示建筑的造型特点,表明装饰要求。描绘建筑物外轮廓前需要先了解建筑物的外貌,在描绘时才能对建筑物立面图或俯视图所需要的特征点进行准确的选取,保证图形的精度。描绘外轮廓时可根据需要把模型平移、放大,不能随意进行旋转操作,保证精确描绘出建筑的外轮廓(王潇潇,2010)。

本案例利用 Cyclone 软件为 AutoCAD 配套的 Cloud Worx 模块进行梅花教室特征线的提取。将点云数据导入 AutoCAD,激活 Cloud Worx 模块,根据点云形状,选择合适的画图工具,分别在主视角和俯视角描绘出建筑物的轮廓线,如图 2.35 和图 2.36 所示。

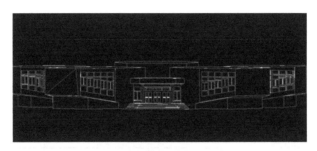

图 2.35　主视角轮廓线提取

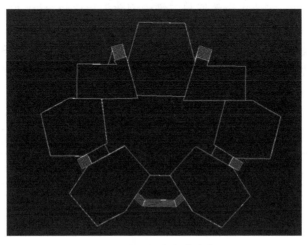

图 2.36　俯视视角轮廓线提取

3．三维模型和实际测量的比较分析

在重建的三维模型中，使用 Cyclone 软件的量测功能 Point to Unbounded Surface 量取 3 个水平距离，如图 2.37 所示，结果列于表 2.1 中。

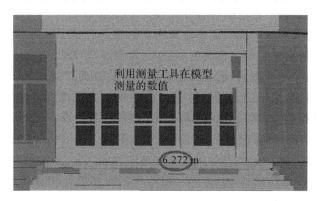

图 2.37　模型上测量台阶长度示意

在梅花教室，使用钢尺量距，在实地建筑物上量取相同位置的对应水平长度，多次丈量取平均值并列于表 2.1。

表 2.1　梅花教室模型和实地量取水平距离

	距离 1	距离 2	距离 3
模型距离/m	6.272	9.365	7.485
实地量取距离/m	6.295	9.455	7.509
距离差/cm	2.3	9.0	2.4

由表 2.1 可知，实地丈量数据与三维模型数据相比较，最大相差 9.0 cm，最小为 2.3 cm。以房产分丘图测绘为例，房产界址点的精度要求如表 2.2 所示，点位精度限差一般为 4 cm 或者更大，即三维模型的精度高于城镇房产测绘界址点的精度要求。三维激光扫描技术用于建筑物三维建模，具有快速性、高精度、高效性、高分辨率的特性（张亚，2011）。

表 2.2　房产界址点精度要求　　　　　　　　　　　　　　单位：m

界址点等级	界址点相对于邻近控制点点位误差和相邻界址点之间的间距误差限差	
	限差	中误差
一	0.04	0.02
二	0.10	0.05
三	0.20	0.10

4．模型 3D PDF 的制作

为了更好地展示模型的特点，使用 Geomagic Studio 的功能，生成 3D PDF。

将 Cyclone 中做好的模型以 DXF 格式导入 Geomagic Studio 中,将模型数据保存为 OBJ 格式,进行简单设置后,转换为 3D PDF。3D PDF 可以在任意系统中使用 PDF 阅读器旋转查看三维模型的情况,如图 2.38 所示。

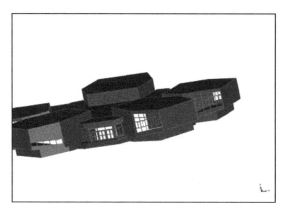

图 2.38 模型在 3D PDF 中的视图

5.纹理映射

纹理映射技术被认为是真实感建模的一项关键技术,其本质就是将二维的纹理贴图映射到三维模型的表面上。建立实体或表面模型后,为了增加模型的逼真性,通常在三维实体模型上增加纹理,使其成为具有真实纹理的三维模型。用图像来替代目标物模型中的细节,提高系统显示速度。例如建筑物纹理映射,建筑物表面不仅仅是简单的墙面,还有门、窗及其他复杂表面,如果都采用三维模型来表示,将大大增加数据量,影响系统的运行速度,建筑物模型的细节通过纹理映射的方法来模拟出,则可兼顾系统对速度和模型对逼真度的要求(张会霞,2014)。

利用三维激光扫描仪同步获取的纹理,可以直接在点云数据的基础上进行纹理映射,该方法简单而且易于实现。但是由于点云数据的缺失,该方法映射的效果不理想。从以上模型的效果看,Cyclone 建模的效率较高、工作量较大,仅仅建立了建筑物的外表面模型。该软件仅能给点云数据上映射纹理,不能给模型进行纹理映射,只能对模型进行单色的渲染。鉴于这种情况,在完成对梅花教室模型的重建后,将数据导入到 SkechUp 3D 建模软件中进行后期渲染,达到美化模型、还原真实感的目的。

2.1.4 建筑物虚拟漫游

SkechUp 软件是 Last Software 公司设计的一套三维建模工具,本身拥有较多的组建模型的功能,同时结合 Google 强大的三维模型资源库,形成了一个完善的共享平台。

本案例三维模型重建后的后期渲染工作和建筑物漫游功能的实现都基于 SkechUp 平台完成。借助 SkechUp 专用渲染器,着重对建筑物的颜色、材质、纹理进行处理,对模型进行尽量真实的还原。同时借助软件的模型库下载需要的模型,构建建筑物周边环境。最后,使用 SkechUp 自带的虚拟漫游功能,实现对复杂建筑物的漫游。

1. 重建模型的渲染

根据之前拍摄的照片,对在 Cyclone 软件中建立的模型进行纹理贴图。SkechUp 兼具建模和渲染模型的功能,自带材质编辑器,可以选择或制作材质,操作简便,模型效果好。在 SkechUp 中选择合适的视角,分别为墙体、台阶、玻璃选择合适的材质,来代替纹理映射的效果,使其体现出应有的真实感,达到美化模型的效果。具体操作步骤如下:

第 1 步:将之前 Cyclone 环境下制作好的模型剔除所有点云,通过 Export 以 DXF 格式导入 SkechUp 软件中,调整坐标,使其与坐标轴平行,打开两个光源,显示原始模型的视图,如图 2.39 所示。

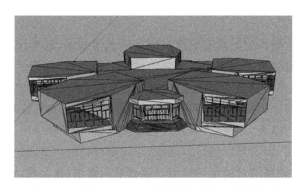

图 2.39　导入 SkechUp 软件的梅花教室原始模型

第 2 步:门楣"梅花教室"三维文字的制作。选择三维文字的工具,输入文字并设置字体、大小、颜色,移动到模型合适的位置,如图 2.40 所示。

第 3 步:编辑建筑物的墙面,然后把各个面归类,如房顶、台阶、窗户、墙面等。

第 4 步:墙壁和台阶纹理制作。打开材质编辑器,在材质库里选择合理的素材对模型外观进行美化,以达到最佳的效果,如图 2.41 和图 2.42 所示。

第 5 步:玻璃的制作。Cyclone 制作的窗框模型比较粗糙,使用画笔工具对墙体上一个窗口的空洞进行补全,并赋予玻璃材质,重复上述步骤,直至模型的窗口全部完成,如图 2.43 和图 2.44 所示。

在 SkechUp 环境下,对梅花教室的重建模型进行了一系列的渲染工作,使较生硬的原始模型在视觉上有了很大的改观,整体效果如图 2.45 所示(彩图见附录),为下一步虚拟漫游奠定了基础。

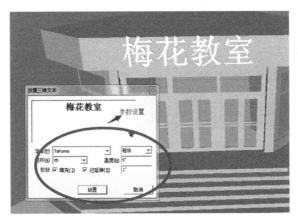

图 2.40　三维文字制作

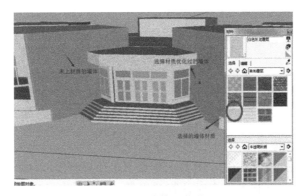

图 2.41　墙体的优化

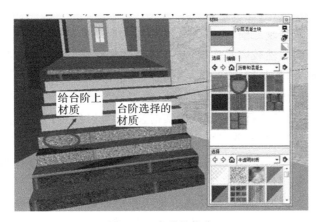

图 2.42　台阶的优化

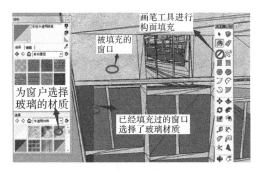

图 2.43　窗口填充及优化　　　　　　图 2.44　玻璃墙优化后的效果

图 2.45　梅花教室整体渲染效果

2．模型的虚拟漫游

虚拟现实(virtual reality,VR)技术集成了多种高新技术,如计算机图形学、数字图像处理技术、仿真技术和实时计算技术等。VR 技术通过计算机来生成一个逼真的且可以让人产生视觉、触觉和听觉的感官世界,如同身临其境,同时可以通过一些辅助工具与虚拟环境进行交互。

虚拟现实技术出现之前,常通过效果图和三维动画设计来进行建筑物三维空间的模拟。效果图虽然较容易实现,却只能提供局部的、静态的图纸;三维动画有较好的三维表现力,但是用户却不能在场景中进行实时人机交互操作,建筑模型布局或者观察路线的更改实施也比较不便。虚拟场景漫游系统把设计立体化,方便用户在任何时间、地点进行三维场景的实时漫游,可以给用户身临其境的感受,让用户实时地获取场景数据,并且可以根据用户的漫游路径导出视频。虚拟建筑漫游已经广泛地应用于城市规划、房产营销、园林设计、旅游等各行各业,具有巨大的应用前景(刘妍,2012)。

本案例利用三维激光扫描仪采集了梅花教室的数据并建立了三维模型,基于 SkechUp 环境完成建筑物的虚拟漫游,具体过程如下:

第 1 步:场景的建立及相机定位。场景即任意一个展示视角。打开场景管理器,新建一个场景,选择合适的视角,利用定位相机工具,设置视点的高度(人的视点高度为 1.7 m)和建筑物上视着点(人观察到建筑物的部分),即为该场景下人的漫游视角。单击相机观察,调整合适后更新场景并保存,如图 2.46 和图 2.47 所示。

图 2.46　场景的建立

图 2.47　定位相机

第 2 步:漫游路径的设置。在两个场景之间利用漫游控件,用鼠标模拟出漫游路线,完成场景的过渡,如图 2.48 所示。对所有的场景重复上述操作,系统自动生成多个连续的场景,按序号排列动画,对场景漫游动画进行预览。

第 3 步:漫游视频的生成。SkechUp 中场景之间转换过程可以以动画的形式输出视频文件。在建筑物的周边添加必要的环境景物,使构图更加丰满,隐藏不需要的轮廓线、坐标轴,调整光源,对漫游动画和视频进行参数设置,(图 2.49 和图 2.50),输出漫游视频(图 2.51)。

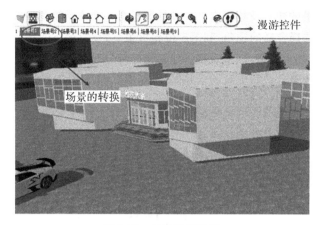

图 2.48　漫游路径设置

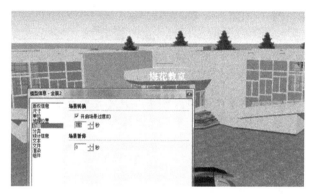

图 2.49　漫游参数设置

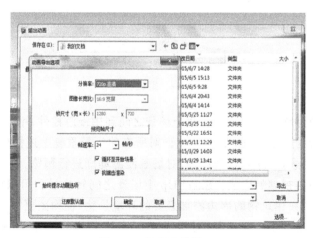

图 2.50　视频参数设置

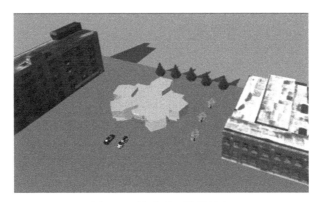

图 2.51　梅花教室漫游效果

§2.2　太原理工大学翔源火炬雕塑三维激光扫描及建模

2.2.1　数据采集

本案例扫描对象为太原理工大学翔源火炬雕塑,如图 2.52 所示,扫描设备为徕卡 MS50 三维激光扫描仪。现场踏勘后,需确定扫描的测站数、测站位置及间距,以及控制标靶(用来匹配每站扫描的点云)的个数和位置。

图 2.52　扫描对象——翔源火炬雕塑

2.2.2　Cyclone 点云数据处理

1. 导入数据

扫描结果为 PTS 格式的数据,可以在 Cyclone 中调用。首先打开 Cyclone,双击 SERVERS,右击 USER 创建 Datebase,如图 2.53 所示;然后右击建立的 Datebase,命名为“雕塑”,单击 Import 即可导入数据,如图 2.54 所示。

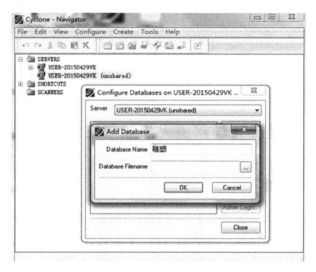

图 2.53　在 Cyclone 中创建 Datebase“雕塑”

图 2.54　导入 PTS 数据

导入数据后,可以在 Cyclone 中观察原始数据的图像模型,可随意选择不同角度观察,图 2.55 为其中一个角度的视图。

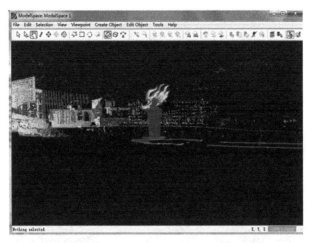

图 2.55　翔源火炬原始点云

2. 去除杂点

三维激光的点云有很多噪声点,会影响处理结果,需要对其进行去除。单击框选工具,对需要的点云进行框选,如图 2.56 所示。

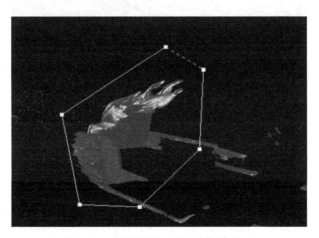

图 2.56　利用框选工具选中部分点云

框选需要的点云后,右击并选择 Fence|Delete Outside,删除不需要的点云。经过反复选择和删除后得到需要的点云,如图 2.57 所示。

3. 点云配准

配准又叫拼接,目的是将相邻各站的点云数据整合到同一个坐标系下。每一测站都以扫描仪中心为原点建立了三维坐标系,最后将所测各站数据放到一个坐标系下来表达。配准原理类似摄影测量学中每两站同名像点对对相交,常用的配准方法有：

(1)在已知坐标的测站上扫描采集数据。

(2)使用标靶将数据转换到统一坐标系中。

(3)用点云匹配的方法将点云转换到统一坐标系中。

(4)综合使用上述三种方法。

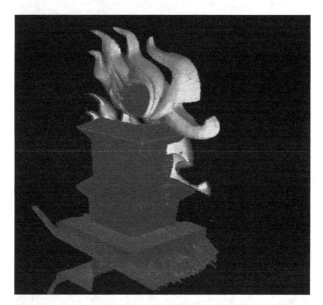

图 2.57　删除噪声点后的图像

本次扫描总共设两站,且两站所设坐标系不同并且没有设立标靶,所以采用点云匹配的方法,具体过程如下：

(1)创建两个 ScanWorld。右击数据库"雕塑"|Create|ScanWorld,创建两个 ScanWorld,然后将两站数据分别复制到两个 ScanWorld 中。

(2)在"雕塑"数据库中创建一个拼接。右击数据库"雕塑",单击 Create 按钮,选择 Registration,或在 Project 文件夹图标上右击,选择 Registration。

(3)重命名拼接窗口。选择已经存在的条目 Registration1,重命名为 "Registration of 1&3"。

(4)打开拼接对象。将需要拼接的 ScanWorld 添加到拼接窗口中,如图 2.58 所示。

(5)找出三对同名点,单击菜单栏 Cloud Constraint|Auto add Cloud Constraint 进行约束条件添加,完成后单击 Constrain List,查看拼接精度是否符合要求,如图 2.59 所示。

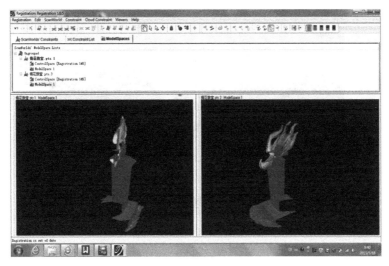

图 2.58 拼接中的图像

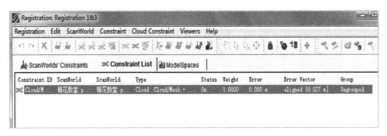

图 2.59 查看拼接精度

(6)单击 Registration|Register,完成拼接。

(7)完成拼接后需要冰冻拼接,单击菜单栏中的 Registration|Create ScanWorld/Freeze Registration。

(8)创建新的 ModelSpace。单击 Registration|Create and Open ModelSpace View。

按上述步骤得到拼接好的图像如图 2.60 所示。

2.2.3 Geomagic Studio 点云数据处理

将 Cyclone 中预处理后的数据导出为 DXF 格式,并在 Geomagic Studio 中打开。点云在 Geomagic Studio 中一般是采用"点—多边形—面"的流程进行处理。

1. 点处理阶段

点处理阶段将前面预处理之后的点云数据进行点云着色、去除非连接项、去除体外孤立点,达到减少噪声、采样更为细致的目的,使点云数据更为整齐、有序、有效。

图 2.60　拼接好的图像

　　(1)点云着色、降噪处理。图像需要着色才能看见轮廓,之后还需要对其进行降噪处理,删除孤立点和噪声点,如图 2.61 所示。

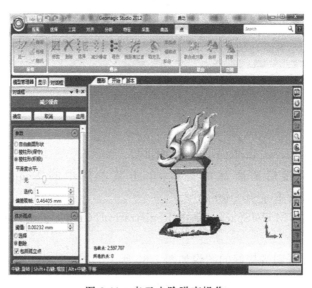

图 2.61　点云去除噪声操作

　　(2)统一点云、封装处理。数据的点云密度太大,降低了软件的处理效率,所以需要在不影响图像几何形状的前提下,用【统一点云】命令降低点的密度。然后用【封装】命令将点转为多边形,即将点云数据转为三角网来趋近拟合雕塑对象的几何形状。封装时和封装后的图像如图 2.62 和图 2.63 所示。

图 2.62　封装时图像

图 2.63　封装后的图像

2. 多边形处理阶段

模型封装完成后形成了由若干小三角形趋近雕塑的形状。Geomagic Studio 多边形阶段是在点云数据封装后进行一系列的技术处理,最终得到一个完整的理想多边形数据模型,为多边形高级阶段的处理以及曲面的拟合做准备。

1)模型分割

由于封装后的三角形格网数据量仍然非常大,直接对整体数据进行处理难度大、时间长。因此将模型分割为上下两部分,逐块进行处理。分割后的上、下两部分图像如图 2.64 和图 2.65 所示。

2)模型修补

模型分割后先对上半部分处理。从图 2.62 可以看出上半部分模型有很多的破孔和三角形重叠、翻折的现象,不利于后续的面处理阶段,需要对该类现象进行修复。

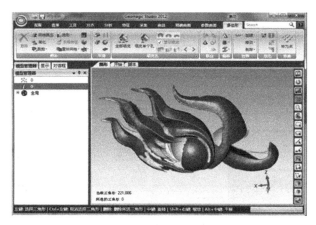

图 2.64　分割后上半部分图像

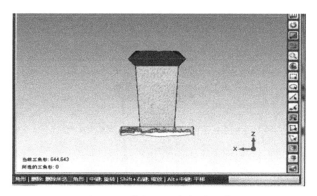

图 2.65　分割后下半部分图像

(1)填充孔。对于破孔首先需要进行填充,一般是基于曲率填充,可以最大程度地保证填充完模型与原型的一致性。填充孔的方式有三种:

内部孔填充:指定填充一个完整的开口,单击要填充孔的边缘,即可填好一个内部孔,如图 2.66、图 2.67 和图 2.68 所示。

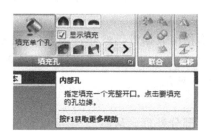

图 2.66　填充内部孔命令

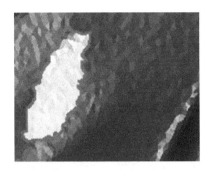

 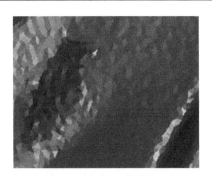

图 2.67　内部孔填充时　　　　　　图 2.68　内部孔填充后

　　边界孔填充:指定两个点以确定孔的边界端点,然后指定边界孔的"边界"位置,以确定边界孔的填充范围,填充边界孔,如图 2.69 至图 2.72 所示。

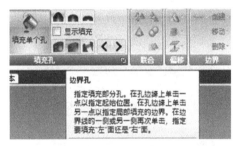

图 2.69　边界孔填充命令

图 2.70　边界孔填充前　　　　　　图 2.71　边界孔填充时

图 2.72　边界孔填充后

　　搭桥填充:通过生成跨越孔的桥梁,将长窄孔分割成多个孔,并分别填充。该方法可以直接填充悬空的区域,不需要指定边界,只需指定桥的两个端点即可。

　　在修补的过程中,由相交三角形引起的错误,如图 2.73 所示,单纯地依靠后期网格修复是无法完全修正的,需要利用框选工具将相交部分选中并删除,使其变成孔,如图 2.74 和图 2.75 所示,然后用修补孔的方法将其修复。删除部分不宜过大,否则会导致补孔后曲率和平滑度发生较大偏差。

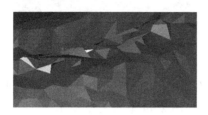

图 2.73　相交三角形错误

图 2.74　选中错误区域

图 2.75　删除后形成孔

　　用上述填充方法将雕塑上半部分修补后的效果如图 2.76 所示。

　　对于雕塑下半部分,处理步骤与上半部分大致相同。由于下半部分的底座是参差不齐的,如图 2.77 所示,需要将其修复整齐。

图 2.76　填充好后的图像

图 2.77　处理前的图像

　　将边界大致修理后,单击【多边形|移动|投影边界】到平面,处理时和处理后的图像如图 2.78 和图 2.79 所示。

图 2.78　处理时的图像

图 2.79　处理后的图像

处理后的边界面还会有局部凹凸不平,可以使用命令【多边形|砂纸】中的【松弛】和【快速光顺】来平滑凹凸不平的面。

图 2.80　松弛面

松弛多边形用于调整三角形的抗皱夹角,使三角网格更加平坦光滑。经过上述处理后的下半部分效果如图 2.81 所示。

(2)合并。雕塑的上下两半部分都处理好后,将其一起导入 Geomagic Studio 软件中,导入后的效果如图 2.82 所示。

图 2.81　下半部分处理后的图像

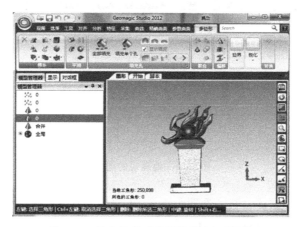

图 2.82　导入处理后的雕塑的上、下部分

导入数据后需要将两部分图像合并,使之成为一个整体。选择【多边形|合并】,合并后效果如图 2.83 所示。

图 2.83　雕塑的上、下部分合并后的图像

　　模型被合并成一个整体后,还需要做一些优化处理,可以用【网格医生】命令。此命令可以自动修复一些钉状物、自相交、小组件之类的异常多边形,修复后的模型如图 2.84 所示。

图 2.84　用【网格医生】修复后的模型

　　(3)编辑颜色。可以对模型进行颜色编辑,让雕塑模型更加真实地贴近原型。选择单击【工具|编辑颜色】,编辑颜色时和编辑颜色后的模型如图 2.85 和图 2.86 所示(彩图见附录)。

图 2.85　编辑颜色时的图像

图 2.86　翔源火炬颜色编辑图像

　　编辑颜色后的图像形成较为贴近原型的模型。为了制作模型实体,还需要将其拟合成面来完成模型的逆向构造。

3.面处理阶段

1)创建流形

面处理阶段首先要创建流形,删除模型中的非流形三角形是保证模型能够进行后续处理的前提。具体操作如图 2.87 所示。

2)精确曲面阶段

创建流形后即可进入精确曲面阶段。该阶段通过探测编辑轮廓线、曲率,创建曲面片,并对曲面片进行编辑来创建一个理想的 NURBS 曲面,完成模型的逆向构造。单击【精确曲面|新建曲面片布局图】,如图 2.88 所示。

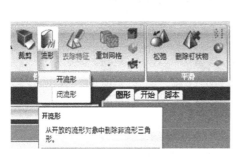

图 2.87　流形命令　　　　　　　　　图 2.88　新建曲面片命令

创建曲面片布局图后即可自动曲面化。单击【自动曲面化】,设置好参数,即可得到理想的 NURBS 曲面模型。应用【自动曲面化】的前提是在多边形处理阶段将模型处理得很好,否则后续需要大量手动修改,效率很低,效果不好。所以,本案例采用以下方法完成曲面阶段:

(1)编辑轮廓线,如图 2.89 所示。

图 2.89　编辑轮廓线

(2)构造曲面片,如图 2.90 所示。构造曲面片后,需要进行优化。使用【修理曲面片】命令,处理后的曲面片以规则四边形、没有重叠为佳,且图像所有地方都要有曲面片包裹。

图 2.90　构造曲面片

（3）构造栅格，如图 2.91 所示。构造好栅格后，需要进行优化处理，可以用修补里面的【松弛栅格】和【编辑栅格】命令进行优化，【修改栅格】命令如图 2.92 所示。

图 2.91　构造栅格

（4）拟合曲面，单击【拟合曲面】命令，得到的模型效果如图 2.93 所示。

图 2.92　修改栅格命令

图 2.93　拟合曲面后得到的模型

4. 精度分析

建模过程中采取的多种处理手段都会对模型的精度造成影响,建好的模型与最初的点云数据之间必然存在偏差。以建好的模型与点云数据之间的偏差值为依据进行精度分析。在 Geomagic Studio 中设置好偏差参数后可以得到偏差色谱图,如图 2.94 所示。

图 2.94　偏差色谱图

如图 2.94 所示,模型总体与点云数据偏差不大,平均偏差在 −0.001～0.014 mm,在标准偏差值以内,符合精度要求。最大偏差值为 0.282 mm,超过标准偏差值。造成该结果的主要原因是模型有些部位是通过破洞修补自动拟合表面曲率形成的,与实际偏差较大。

Geomagic Studio 可以量测两点之间的距离,在软件中测出了一条指定边的长度为 1.202 m,如图 2.95 所示。现场用卷尺量取同一条边取平均值,得到此条边长的实际长度为 1.204 m。两者相差 2 mm,误差较小。

图 2.95　模型某边边长量取

§2.3 太原理工大学行远楼、清韵轩 3D SLAM 激光扫描及建模

2.3.1 3D SLAM 技术

3D SLAM 即激光影像测绘背包机器人,其硬件是一个组合式的背包,由全景相机、水平激光雷达、倾斜激光雷达、控制器、电源、平板设备几部分组成,如图 2.96所示。

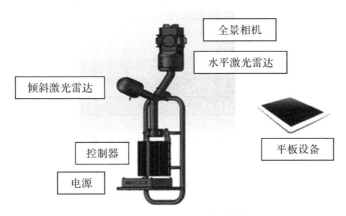

图 2.96 测绘背包机器人结构

1. 全景相机
3D SLAM 中全景相机的相关参数如表 2.3 所示。

表 2.3 全景相机参数

镜头数	6 个
单个镜头分辨率	500 万像素
传感器尺寸	2/3 英寸
镜头焦距	4.4 mm
最大帧数	10 帧/秒
接口传输	USB3.0

2. 激光扫描仪
3D SLAM 中激光扫描仪的相关参数如表 2.4 所示。

3. 电源
3D SLAM 中电源的相关参数如表 2.5 所示。

表 2.4　激光扫描仪参数

水平激光扫描仪	用于定位
倾斜激光扫描仪	点云采集
激光的角分辨率	0.4°
扫描频率	20 Hz
有效扫描距离	100 m
水平范围	360°
垂直范围	30°

表 2.5　电源参数

容量	40 AH 锂电池
输出电压	12 V
可持续工作时长	4 h
整套设备的总重	15 kg
工作环境	0～40℃

4.数据信息

3D SLAM 的数据信息如表 2.6 所示。

表 2.6　3D SLAM 数据信息

图像格式	JPG
全景图像输出像素	3 300 万
点云格式	LAS、LAZ、PLY、XYZ
点云密度	0.005～0.1 m

5.数据精度

3D SLAM 的绝对位置精度为 0.01 m,相对测量精度为 0.01～0.05 m(由点云密度输出设定值确定)。例如:点云密度输出设定值 0.005 m,相对测量精度 0.01 m;点云密度输出设定值 0.02 m,相对测量精度 0.04 m。

6.性能指标

3D SLAM 的性能指标有:

(1)扫描速度 50 000 m²/0.5 h。

(2)多元数据采集。

(3)连续扫描,无须换站。

(4)全自动化处理。

(5)1 cm 精度。

7.应用技术路线

3D SLAM 的应用技术路线如图 2.97 所示。

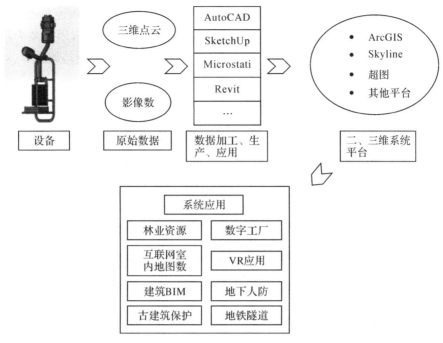

图 2.97　测绘背包机器人应用技术路线

2.3.2　数据采集

1. 3D SLAM 点云数据采集

太原理工大学明向校区位于山西省晋中市北部的山西省高校教育园区内。南至现状纬四街,北至规划纬六路,西至鸣李东街,东至中都北路,总占地面积 3 045 亩,总建筑面积约 110.7 万平方米。

本案例数据采集对象为太原理工大学明向校区东门的两栋建筑,一栋为五层的清韵轩餐厅,一栋为四层的行远教学楼,包括两楼之间的花坛。

由于 3D SLAM 自身没有集成 GPS 或惯导系统,因此所采集的全部点云都是相对坐标。为获取绝对坐标值,在测量路线沿途每隔 30 m 左右设置一个 A4 纸大小的黑白靶标,并进行编号。在扫描开始前,用实时动态定位(real-time kinematic positioning,RTK)将这些靶标的绝对位置测定并记录。两栋楼周围设置了 30 个靶标,由于建筑物遮挡信号的缘故,实际只得到了 20 个靶标点的坐标用于解算。

图 2.98 为数据采集的行进路线。3D SLAM 的采集过程十分简单,在组装好背包后,开机先在附近移动下,以确定背包运行状态是否正常。在设定完简单参数后(点云输出间距为 0.01 m),从起点出发开始扫描,以普通散步的速度行进,在遇

到靶标时放慢速度,以便更加清晰地捕捉到靶标。沿途不间断,一次性扫描完两栋楼用时大约 20 分钟。结束采集时,终点要超过起点再走一段距离,因为整个路线需要有一段重合来进行闭环检测,也就是需要让机器人识别曾经到达的场景,如成功可以显著减小累计误差。

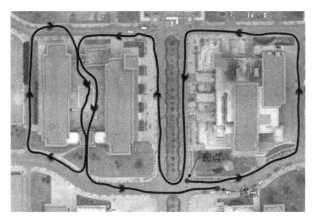

图 2.98　数据采集路线

　　图 2.99 是扫描的点云光强效果,点云的采集效果很好,完成度高,且不存在死角未扫描的情况。在扫描接近结束时,由于课间人流量大,预期数据会产生大量噪声,但从结果来看,此部分噪声被自动过滤掉,并没有产生太大影响。扫描过程用时短,约 20 分钟,扫描效率高。

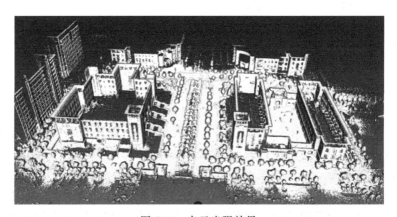

图 2.99　点云光强效果

　　采集出的数据有两个部分,包括点云数据和图像数据。图像数据又分为两种,包括单镜头的照片和合成的全景照片,相机大约每 20 s 曝光 1 次。图 2.100 为 6 个镜头合成的全景画面,图 2.101 为 0 号镜头的某次曝光。

图 2.100　全景相机影像

图 2.101　0 号位单镜头影像

　　由于全景照片已获取,激光测绘背包机器人不需要手动贴图,在扫描完成后,计算机会根据全景图片自动给点云着色,这是背包机器人的一大优势。扫描过程中的照片一般取单数或者双数编号的图片用于着色,本次实验最终处理获取的点云间隔为 2 cm,着色完成效果如图 2.102 所示。

　　自动着色的色彩还原度较好,但是对光线的敏感度并不高。如图 2.103 是一个向阳面与阴暗面的交界处,着色后的点云颜色还原度并未失真,但是光强有差异。

　　自动化着色虽然便利,但仍存在一些问题,如图 2.104 所示,在着色时会受到周围环境不同程度的干扰,导致着色混乱。

图 2.102　自动着色点云

图 2.103　局部点云示例

图 2.104　局部点云着色混乱情况

2.3D SLAM 与其他扫描方法比较

下面将激光测绘背包机器人 3D SLAM 的扫描结果同静态激光扫描仪、航摄无人机(unmanned aerial vehicles for aerial photogrammetry，UAV)单镜头生成的点云进行比较。

1) 与静态三维激光扫描仪比较

图 2.105 是静态三维激光扫描仪的结果,扫描对象为太原理工大学虎峪校区主楼,通过 3 站扫描拼接而成,存在以下问题:

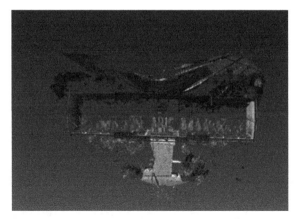

图 2.105　虎峪校区主楼静态激光扫描仪正射点云

（1）对光线较为敏感，扫描的向阳面与背阳面差距较大，在阴暗面的色彩失真，如图 2.106 所示。

图 2.106　虎峪校区主楼向阳面（左图）与背阳面（右图）对比

（2）受遮挡物干扰，虽然多角度扫描，但还是会出现遮挡空白，如图 2.107 所示。由于树木的遮挡导致教学楼一角出现点云的空白，而换站也并不能完全解决该问题，影响后期建模。

图 2.107　虎峪校区主楼扫描过程出现遮挡现象

（3）需要多次换站，耗时耗力。扫描该楼共设置 3 站，每站大约扫描 40 分钟，加上换站、重新架设仪器、设置参数等,扫秒总计耗时近 3 小时。因此对于大面积作业,激光测绘背包机器人显得更为高效。

2)与 UAV 单镜头比较

图 2.108 是由 UAV 单镜头测量获取的高分辨率影像通过软件处理获得的点云,地点位于太原理工大学明向校区东门,左侧是清韵轩餐厅,右侧是行远楼。以俯视角度来观察,效果良好,颜色均匀,没有缺失等情况,由于是从上空正射拍摄的影像,所以基本不存在阴暗面。

图 2.108　明向校区东门 UAV 单镜头点云

将视角转换后,如图 2.109 所示,可发现建筑物下半部分的信息丢失严重,只能够大致看出建筑物的三维全貌,点云缺失且密度不够。

图 2.109　明向校区东门 UAV 单镜头侧视点云

3)综合比较

将激光测绘背包机器人 3D SLAM 的扫描结果同静态激光扫描仪、UAV 单镜头生成的点云进行比较,总结如表 2.7 所示。

表 2.7　3D SLAM、静态激光扫描仪、UAV 单镜头对比

获取方式	精度	点云密度	三维信息还原度	色彩还原	抗干扰	耗时
3D SLAM	中	中	高	中	低	短
静态激光扫描仪	高	高	中	低	中	长
UAV 单镜头	低	低	低	高	高	中

表 2.7 是针对本案例的分析。实际上,三种方法各有优劣,适用条件和范围不同,可根据需要采取适当的方法获取数据。

2.3.3　数据处理

3D SLAM 的数据处理包括预处理和精细处理两步。其中预处理还可分为点云的输出和坐标系的转换。

1. 数据预处理

1）点云输出

在 3D SLAM 配套软件中设置参数,如图 2.110 所示,即可输出着色点云和影像。需要指出的是,实际扫描的点云间距为 1 cm,本案例为了加快处理速度选择输出 2 cm 间距的点云。

图 2.110　点云输出参数设置

图 2.111 为输出的点云图形,输出格式为 LAS,点云数量约 4 500 万个,占用内存 1.5 GB,输出用时约 20 分钟。

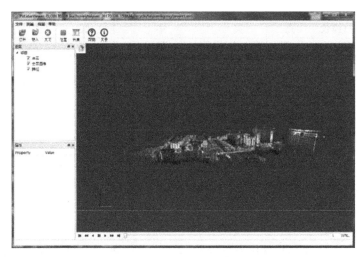

图 2.111　点云输出成果

2）坐标系转换

由于 3D SLAM 自身没有集成 GPS 或惯导系统,前期数据采集时在测量路线沿途每隔 30 m 左右设置一个 A4 纸大小的黑白靶标,并用 RTK 测定了这些靶标的绝对位置,用于后期获取点云的绝对坐标。

点云坐标转换时,首先需将 RTK 中测量的各个靶标的坐标点导入处理软件,再在点云上捕捉靶标的中心点,如图 2.112 所示。

图 2.112　点云上捕捉靶标中心点

录入各靶标 RTK 测得的坐标(最终可供处理的靶标为 20 个),进行构网解算,如图 2.113 所示。解算过程耗时 3 个多小时,因为控制点较少和靶标中心点捕捉不准的原因,解算出来的坐标精度为 1～5 cm,仍有提高的余地。

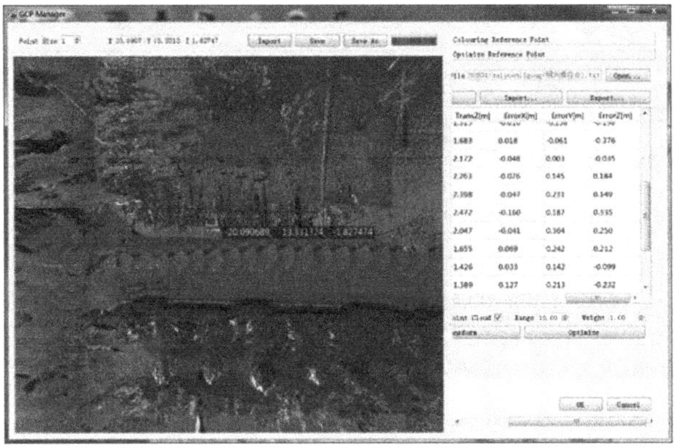

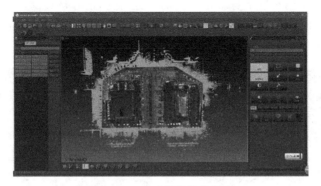

图 2.113　点云坐标系转换

预处理完成后获得了三份数据,即影像、原始点云数据和处理过后含绝对坐标的数据。

2. 数据精细处理

数据精细处理目的是剪裁与降噪。由于数据量大,采用专为处理大量点云的软件 Arena 4D。该软件使用独立的点云格式 VPC(一种网络数据格式),可连接到私有云服务器进行运算,解决计算机运算能力不足的问题,可流畅地对点云做细化处理。

(1)剪裁。利用 Arena 4D 对数据进行剪裁,只要单击编辑工具,利用反选选取需要的部分,将其他部分删除即可。图 2.114 为裁剪前的点云数据,图 2.115 为裁剪后的点云数据。

图 2.114　点云裁剪前的图形

(2)降噪。3D SLAM 扫描时,移动物体会被过滤,但是静止的人员无法被剔除，如图 2.116 所示，需在 Arena 4D 中手动剔除这些噪声。

图 2.115　点云裁剪后的图形

图 2.116　点云中的人员噪声

如图 2.117 中的车辆本身就是静止的，无法在扫描时被过滤，也需在 Arena 4D 中手动剔除。处理后的效果略有瑕疵，可能是由于没有在车辆的侧面或者背面采集信息，而且采集点位于阴影面，对激光的反射效果不是很好。

(a) 剔除前　　　　　　　　　　　(b) 剔除后

图 2.117　点云中的车辆噪声

2.3.4　数据建模

为实现大量点云数据的建模,采用构建不规则三角网(TIN)来渲染曲面的方法。所有的三维建立可以由计算机自动处理,可处理的数据量大。最大程度还原点云的原始特性,只需要在建模完成后人工进行一些细节修改即可。

1. Arena 4D 简介

Arena 4D 是一个为处理大量数据专门研发的平台,其特点是所有格式的点云都必须经过它的格式转换器,转成 VPC 格式点云,该类点云数据的压缩率高,拥有独特的渲染引擎,可以轻松地加载百亿级的点云数据。

Arena 4D 不仅仅是一款点云管理平台,还融合了地理信息系统与点云处理两部分功能;还可利用 Point Fuse 直接将点云通过构建三角形建模,操作简单,三维渲染效果好,点云还原度高。基于该软件的特性,选择在此平台上进行 3D SLAM 点云数据建模。

2. 3D SLAM 点云数据建模

选取 3D SLAM 获得的一部分点云数据,即清韵轩餐厅来进行建模实验,如图 2.118 所示。

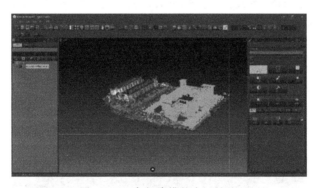

图 2.118　参与建模的点云选取

设置建模参数,包括解析度和模型格式,默认的解析度为 0.25 m,模型格式有三种可供选择,分别为 FBX、OBJ 和 DXF,如图 2.119 所示。

图 2.119　建模参数设定

设置完参数后,开始自动建模,本案例的点云间距为 2 cm,解析度选择默认的 0.25 m,对清韵轩餐厅建模约 40 分钟完成,如图 2.120 所示(彩图见附录)。

图 2.120　清韵轩餐厅建模效果

清韵轩餐厅的模型大致符合原型,但细节上仍有很多不足,如图 2.121 中餐厅前展板建模效果较好,但是一旁的树木形状还原度不高,也反映了三维激光的一大特点:适用于扫描壳体,不太适合扫描有太多镂空的散状结构。出现该结果的原因与点云本身的质量和解析度有关。

图 2.121　清韵轩餐厅局部建模效果

为了进一步研究解析度的影响,截取了点云中一辆扫描效果较好的小汽车进行不同解析度建模效果的对比实验,如图 2.122 所示。

从实验结果得出,解析度越小建模的效果越好。当解析度为 0.1～0.5 m 时建模效果差异较大,而解析度为 0.05～0.1 m 时建模效果差别不明显,如图 2.123 所示。实验采用的点云间距为 0.02 m,推测解析度越接近点云间距,就越接近三角形构建的极限,导致建模效果变化不明显;解析度必须大于点云间距,若直接设解析度为 0.02 m,则无法进行建模;随着解析度的减小,建模时间呈指数增加,解析度为 0.5 m 时建模时间约为 1 s,解析度为 0.05 m 时建模时间约为 1 min。

图 2.122　小汽车局部点云

图 2.123　不同解析度建模效果对比分析

3. 3D SLAM 建模成果分析

将 3D SLAM 获取的点云数据在 Arena 4D 平台用解析度为 0.1 m 建模后,三维信息保留完整,颜色还原较写实,但是表面的平整度较差,原因是点云分布不均匀,噪声存在较多,如图 2.124 所示。

从细节上来看,3D SLAM 建模后还原到位。由于计算机性能的原因,最终建立解析度为 0.1 m 的模型,建筑表面轮廓较为清晰,如图 2.125 所示。预测如果能建立解析度更高的模型,效果会更好。

总体来看存在两个问题:其一是模型上的裂缝较多,如图 2.126 所示,与采集数据时车辆、人员移动较为频繁,干扰因素多有关;其二是局部着色较混乱,如图 2.127 所示,扫描时距离较近的物体的着色比较好,如展板,而距离较远的物体着色较为混乱,如建筑物。

图 2.124　清韵轩餐厅建模效果(3D SLAM)

图 2.125　清韵轩餐厅模型局部

图 2.126　清韵轩餐厅局部裂纹

图 2.127　清韵轩餐厅局部着色混乱

　　综合而言 3D SLAM 的扫描效果较好,如能在室内或者空旷的室外进行扫描,效果更佳。

　　本案例采用基于 TIN 的建模方法,解析度越高建模效果越好,但也存在一定的局限性:该建模方法针对的对象不同,对点云质量的要求也不同。就目前的实验结果来看:TIN 不适合用于对太规则的物体进行建模,对点云的要求较高,为了获取高质量的点云,必然导致工作量和时间的增加;但如果对地形或者曲面进行建模,如汽车、飞机,就能极大地发挥 TIN 建模的优势。

第3章 三维激光扫描技术在大型构筑物领域的应用

本章以山西红灯笼体育馆、太原南中环桥、某钢结构楼梯为对象,使用徕卡MS50三维激光扫描仪、HDS6800扫描仪采集点云数据,采用多种软件对不同特点的点云数据进行处理及三维建模。

§3.1 山西红灯笼体育馆三维激光扫描及建模

3.1.1 点云数据的采集与预处理

山西体育中心位于太原市晋源区健康北街1号,包括羽毛球馆、自行车馆、红灯笼主体育馆和吉庆广场等,其中红灯笼体育馆内部座位有6万个。设计师以灯笼、剪纸的外形为创意元素,使民族特色、地域特征与山西人民淳朴内敛的精神得到完美融合。搭建表面幕墙的方法与制作灯笼的方法类似,钢结构的表面为挖去五边形区域的网格状曲面,内部主体框架为桁架钢结构。红灯笼体育馆照片如图3.1所示。

图 3.1 红灯笼体育馆全景

1.点云数据的采集

只有获取精度足够高的点云数据,才能保证后期建模的精度满足要求。本案例采用徕卡MS50三维激光扫描仪,其参数为:最远扫描距离1 000 m,300 m内最高扫描速度1 000点/秒,100 m处点的扫描精度为0.8 mm,测角精度为1″,单次免棱镜测量精度为2 mm±2×10^{-6}・D,其中D表示测量的距离。

　　采用任意架站的方式,在适合的观测位置进行仪器的整平后,就可以进行点云数据的采集。本次扫描共架设 6 个测站,对红灯笼体育馆的整个外表面进行扫描,测站距离体育馆 150～230 m,扫描点云间隔为 8 cm,测站位置示意如图 3.2 所示,第二、三测站扫描工作照片如图 3.3 所示。扫描时间与扫描建筑物的范围、扫描的点云间隔、测站到扫描对象的距离成正比。本次扫描中每站的扫描时间为粗扫 45 分钟左右、精细扫描 15 分钟左右,6 个测站总共用 7 个小时。扫描的具体步骤为:

　　(1)根据设计图上选取的测站点,在体育馆实地寻找合适位置架设仪器并整平。

　　(2)打开扫描仪建立一个新的项目并设置仪器高度,建站结束。

　　(3)从显示屏上框选扫描区域并拍摄扫描区域的照片,以便于后期建模完成后对表面纹理进行映射。

　　(4)测量从扫描仪的机身到框选建筑物的最远点的距离,设置扫描间隔为 8 cm。

　　(5)开始扫描,扫描时要看好仪器,防止被移动。

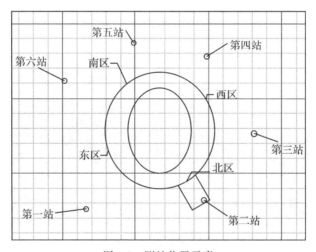

图 3.2　测站位置示意

图 3.3　第二测站和第三测站扫描工作照片

本次扫描过程中采用了三种不同的方法进行点云数据的匹配：

（1）第一站和第二站的数据采集，采用在建筑物表面布设标靶球的方法进行数据匹配。在第一站和第二站扫描区域均可视的建筑物表面粘贴 4 个直径为 9 cm 的塑料球，在对第一站和第二站扫描数据时分别对这些球进行扫描间隔为 2 cm 的精细扫描。后期数据处理时利用这些精确扫描的塑料球拟合标靶球，然后进行点云数据的拼接。

（2）第二站到第四站的数据采集，先在仪器操作面板上用多边形框选功能选出同一个区域，然后进行精细扫描数据匹配。在两个测站精细扫描时选择扫描间隔为 2 cm 的打点密度。后期数据处理时，在这些精细扫描的区域内至少选择 3 个相同的特征点，利用这些特征点进行点云数据的拼接。第二站和第三站的数据采集也使用相同的方法进行扫描。

（3）第四站数据采集时，选择好第五站扫描数据时仪器要安放的位置，然后仪器在第四站对选好的点进行观测并记录数据，搬站后把仪器放在第五站对第四站进行定向，如图 3.4 所示，采用控制点传导的方式对点云数据进行拼接。之后的测站也采用该方法进行数据匹配。

图 3.4　使用棱镜进行控制点定向

2. 点云数据的预处理

点云数据的预处理是后期建模的准备工作。由于红灯笼体育馆占地面积较大，数据采集时要进行多站扫描，扫描得到的各站数据需要进行拼接；扫描过程中由于人员走动，树木、建筑物的遮挡及建筑物表面粗糙度不同等都会导致采集到无用的数据，需要进行去噪。点云的预处理工作是对原始数据的再加工，包括使用与扫描仪配套的软件将点云转换为更适合 3DReshape、Cyclone、Point Cloud 等软件使用的格式、数据格式的统一与规范、点云的拼接和去噪声等。

1）点云拼接

由于三维激光扫描原理的限制，对红灯笼体育馆进行了多站扫描。每个测站都扫描了体育馆的部分结构,要得到整个体育馆的完整点云数据,就必须对各测站扫描的数据进行拼接。

点云拼接时使用徕卡配套的数据处理软件 Cyclone 的 ScanWorld 为软件默认的测站点云数据存储文件夹,以其中一个 ScanWorld 为基准,将其他的 ScanWorld 中的点云合并到该文件夹中,即实现了数据的拼接。拼接时,需将两个或多个 ScanWorld 中的相同点进行几何配准,使选中的点之间的距离最小,拼接后所有的点云位于一个统一的坐标系。

红灯笼体育馆点云的详细拼接过程如下所述:

(1)第一站和第二站点云的拼接采用 Sphere Target 拟合。

对体育馆进行数据采集时,先布设塑料球,并对该区域进行精细扫描。处理时先把外业扫描所得到的点云数据导入 Cyclone 中,并新建一个山西体育中心的数据库,在数据库中建立一个名为“拼接”的新文件。右击该文件,选择 Create | Registration 建立一个新的拼接,双击新建立的拼接进入拼接界面。将扫描的各站点云都加载到拼接窗口中,拼接窗口如图 3.5 所示。

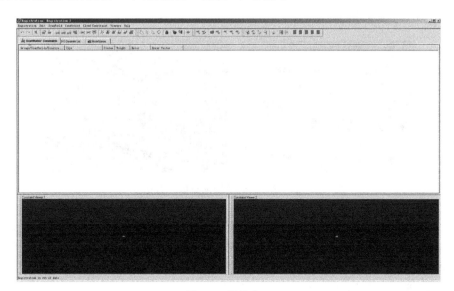

图 3.5　拼接窗口

在模型窗口中选择精确扫描的标靶球进行 Create Object | Fit to Cloud | Sphere Target 操作,将球形点云拟合为标靶球。然后在拼接窗口中使用 Registration | Register 命令对两站点云进行拼接。拼接精度为 2.3 cm,拟合标靶球的界面如图 3.6 所示。

(2)第二站到第四站点云的拼接采用特征点匹配的方法进行。

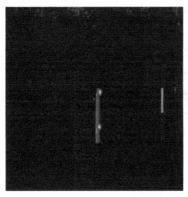

图 3.6　拟合标靶球操作

在拼接窗口中左半边的工作区域选择一个测站扫描的特征区域,然后在另一个测站扫描的对应特征区域,用多选工具选择 3 个以上的点作为特征点进行匹配。第二、三站拼接的精度为 4.8 cm,第三、四站拼接的精度为 3.1 cm。第三、四站扫描的特征区域对比如图 3.7 所示。

图 3.7　第三、四站特征点区域对比

本案例拼接精度分别为 2.3 cm、4.8 cm 和 3.1 cm,由于扫描的点云数据密度不够,精度不是很高。红灯笼体育馆的钢结构管的直径都大于 25 cm,对于其建模分析,本次扫描精度可以满足建模要求。钢结构管直径测量结果如图 3.8 所示,拼接之后的全部点云如图 3.9 所示。

　　2)点云去噪

本案例使用了多个软件进行了无用点云的消除工作。在 Geomagic Studio 软件中去噪时,选中体外孤点选项,软件可以自动选取这些点后进行删除操作;Cyclone 中用多边形选择工具框选中要删除的点云部分,然后删除该区域的点;3DReshaper 软件进行去噪时框选的多边形是三维立体多面体,而不是像 Cyclone 中的平面多边形,框选的多面体可以通过拉伸角点来构建适合的框选区域进行点云的删除。图 3.10为在 3DReshaper 中进行去噪操作的界面,在 3DReshaper 中进行去噪更为精细高效。进行点云去噪之前,扫描到的云点总数为 4 761 049 个,经过去噪操作之后点云总数为 2 103 257 个。去噪可以有效地提高软件处理速度,减少数据冗余,提高建模精度。去噪之后的点云如图 3.11 所示(彩图见附录)。

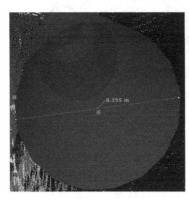

图 3.8　管道直径测量结果

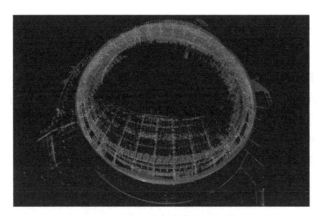

图 3.9　红灯笼体育馆全部点云

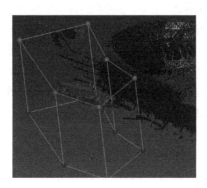

图 3.10　使用 3DReshaper 进行去噪

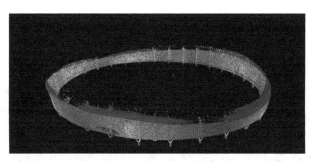

图 3.11　红灯笼体育馆去噪点云

3)点云合并与统一

点云拼接后,需要进行点云的合并操作,将拼接后的多块点云合并为一个整体。

点云的统一操作命令为 Unify Clouds。去噪后的点云由于切割与删除操作,使软件运行变慢,进行点云统一可以改善软件运行状况。在处理过程中可以经常使用点云统一操作功能。

3.1.2　红灯笼体育馆三维建模

钢结构三维模型的重建包括三维点云数据表面的拟合重建和三维点云几何模型的重建。对于表面的模型重建主要是对整个体育馆外表面网格的重建,应用构造三角面的方式来逼近被扫描建筑物的表面。对于几何模型的重建主要是对体育馆框架结构中管道模型的建立,使用拟合管道的方式来进行重建。

1. 表面网格的建模

体育馆表面建模时先将整个体育馆外表面拟合为一个平面。拟合出来的平面会将整个体育馆外表面覆盖,此时体育馆表面本来应该镂空的网格也被覆盖。将模型调整到合适的位置,用多边形选择工具把表面网格对应的位置圈出来。使用 Edit Object|Patch|Subtract from Patch 命令将平面挖开,得到红灯笼体育馆模型表面的网格,如图 3.12 所示。

在主体育馆幕墙结构表面的处理过程中,点云密度不够的区域会生成一个小平面,在执行 Subtract 命令时会出现边缘无法切割的问题。所以在拟合平面过程中需保持生成的平面边缘与幕墙结构表面贴合,采取的办法就是先统一生成整个幕墙表面,然后对生成的表面进行切割操作,挖出体育馆外表面的网格结构。

2. 几何模型管道的建模

1)管道的生成

管道创建时,用单选工具选择管道对应的点云,然后用 Create Object|Region Grow|Cylinder 命令拟合一条管道,如图 3.13 所示。

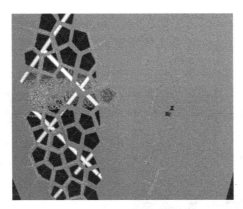

图 3.12　体育馆模型表面处理

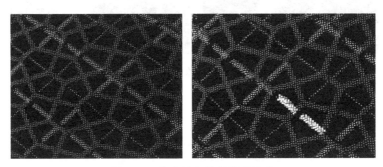

图 3.13　体育馆钢结构管道拟合

　　此时,管道只生成一小段,需要在对应管道的另一端再选一个点,然后单击区域增长命令窗口的 Continue 按钮就可得到整条管道的拟合模型。生成的模型如图 3.14 所示。

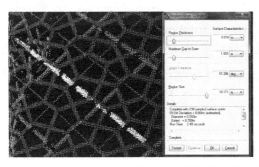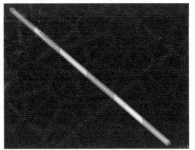

图 3.14　管道拟合增长得到整条管道

2)管道的延伸与对接

通过区域增长生成的管道是一条条单个管道,中间可能有部分管道缺失。选择两条应该对接在一起的管道,使用 Tools｜Piping｜Elbow Connectors 或 Tools｜Piping｜Reducer Connectors 命令连接弯管或位于一条直线上的管道。弯管连接如图 3.15 所示。

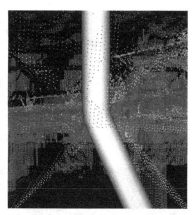

图 3.15　连接弯管

3.整体模型的构建

红灯笼体育馆为近圆形,具有对称性,可以通过旋转复制及平移复制等操作最终得到整个体育馆的三维模型,有效减少工作量,而且可以很好地解决点云数据不足的问题。

1)模型的旋转复制

经过表面建模和管道的拟合可以得到红灯笼体育馆的部分三维模型,单击 ModelSpace 上的 Top View 按钮,获得模型的俯视图。用命令 Create Object｜Insert｜Patch 新建一个平面,平面的中心垂线与体育馆模型的中心垂线重合。将要旋转的体育馆模型和新建的平面全部选中,使用 Create Object｜Copy 命令打开复制界面,如图 3.16 所示。界面上,Axis of Rotation 表示旋转轴,单击 Reference Axis 选项,选中新建平面的中心垂线为旋转轴;Center of Rotation 表示旋转中心,选择新建平面的中心作为旋转中心;Angle of Rotation 表示旋转角度,旋转角度由三点确定,中间点为新建平面的中心点,起点为体育馆模型的左端点,终点为旋转后体育馆模型的左端点。旋转前左端点起点、旋转中心点、旋转后左端点终点如图 3.17 所示。

通过旋转角度选取点示意图可以看出整个模型的旋转以新建平面中心为旋转中心,以选取的三个点确定旋转角度,以新建平面的中心垂线作为旋转轴。经过旋转复制后的模型接口如图 3.18 所示。可以发现旋转后的模型不能与原始模型无缝衔接,是由于整个红灯笼体育馆并不是一个严格对称的圆形,造成旋转复制后模型出现微小的偏移。

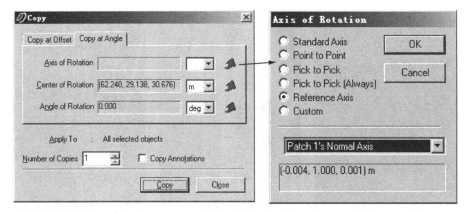

图 3.16 Copy 命令操作界面

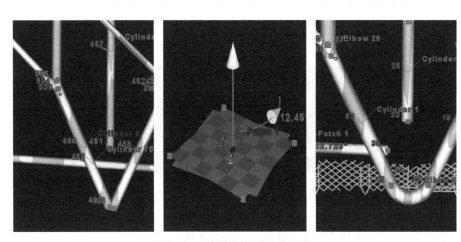

图 3.17 旋转角度选取点示意

2)模型的平移复制

旋转后的模型与原始模型无法接合的问题可以使用平移复制解决。首先选中经过旋转复制后的模型,使用 Create Object|Copy 命令,在命令窗口中选择 Copy at Offset 选项。用多选工具选择需偏移模型的端点和应该接合位置的管道模型端点作为平移复制的参数,平移操作如图 3.19 所示。平移复制后模型示意如图 3.20 所示。最后删除偏移的模型就可以得到完整的体育馆模型。

体育馆整体钢结构模型经过旋转复制、平移复制之后,其中的管道模型部分如图 3.21 所示。可以看出通过以上操作建立的体育馆模型是一个基本完整的模型,但在两根竖向钢结构管道中间有部分连接管道缺失现象,体育馆底部接近地面的管道有部分缺失现象。

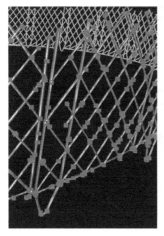

图 3.18　旋转复制后　　　　　图 3.19　平移操作　　　　图 3.20　平移后模型示意
模型位置

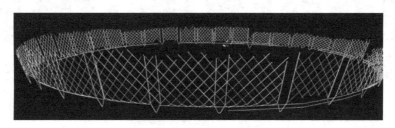

图 3.21　红灯笼体育馆管道模型

3.1.3　红灯笼体育馆三维模型空间分析

将 Cyclone 中构建的管道模型和平面模型保存为 DXF 格式,这种格式的文件可以在 AutoCAD 和 3DReshaper 中打开。本案例将模型导入 3DReshaper 中进行空间分析。

在 3DReshaper 中导入红灯笼体育馆表面和管道模型,导入格式为 PTS 的体育馆去噪点云。框选模型与点云,选择测量目录下的对比/检测分析,将体育馆三维模型与原始点云进行对比分析,生成模型与原有点云的重合度对比图,如图 3.22 所示(彩图见附录)。

图 3.22 中通过颜色的差异来表示构建模型与原始点云的重合度,整体以绿色为主,经过旋转复制和平移复制构建的体育馆模型与原始点云相比,匹配精度集中在 90.2%。由于体育馆是椭圆形,旋转后与原始模型无法完全接合;整个体育馆呈两边低中间高的形状,而模型经过复制后在整个区域高度基本一致。这些原因导致构建的体育馆模型在部分区域与原有特征不匹配。

在 AutoCAD 中打开保存的 DXF 格式的模型,对模型进行标注并与红灯笼体育馆建设时的数据对比。由图 3.23 可以看出红灯笼体育馆三维建模后的网格面最长处为 292.581 m,最短处为 275.275 m。查阅文献可知,体育馆罩棚的设计参数为宽 275 m、长 293 m。模型与体育馆真实长宽基本一致。与设计参数出现的差别可能是在外表网格建模时出现的拟合误差造成的。

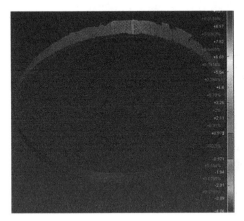 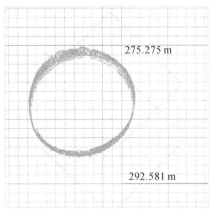

图 3.22　对比/检测结果　　　　　图 3.23　在 AutoCAD 中量取红灯笼
　　　　　　　　　　　　　　　　　　　　　　体育馆三维模型的长度

§3.2　太原南中环桥三维激光扫描及配准

3.2.1　点云数据的获取及处理

1. 点云数据的获取

本案例使用徕卡 MS50 三维激光扫描仪,扫描对象为太原市南内环桥的一侧,桥的主体是钢结构,设站位置为桥一侧的河道两旁,如图 3.24 所示。扫描作业时间大约是在中午 12 点至下午 4 点,天气晴朗无云,有微风。桥主体点云的采集密度为 8 cm,桥墩为精扫,精度为 2 cm。

扫描时设 4 个测站,每站采集数据时间约 40 分钟,桥西和桥东各有 2 站,如图 3.25 所示,测站 s1 和 s2 的扫描数据通过相对坐标拼接,测站 s1 和 s4 的数据、测站 s2 和 s3 的数据分别通过特征点拼接。

首先在 s1 设站,在河岸上 s2 的一侧找一个后视点,将该点与 s1 的连线定为初始方向,然后在 s2 处立棱镜,得到 s1-s2 与初始方向的夹角和 s1-s2 的距离,求出 s2 的相对坐标。在 s1 点圈出需要扫描的范围,包括桥梁和桥墩。桥的扫描精度为 8 cm,桥墩的扫描精度为 2 cm。当扫描完成后在仪器上检查点云,符合质量要求则移到下一个点进行扫描。测站 s1 和 s4 的数据是通过特征点进行拼接的，直接在 s4 架设仪器进行扫描即可，精度设置同前。然后将仪器搬至 s2，对中、整平，后视 s1 建立测站，再对桥进行扫描，精度设置同前。测站 s3 的操作方法同测站 s4，通过特征点与测站 s2 的数据拼接。全部点云数据采集耗时近 6 个小时。

图 3.24　数据采集照片

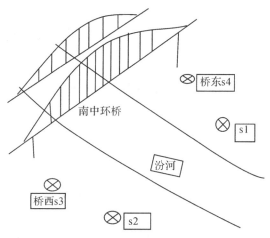

图 3.25　数据采集设站位置

2.点云数据的处理

点云数据在建模前，需要经过一系列的处理，包括数据配准、地理参考、数据缩减、数据滤波、数据分割、数据分类、曲面拟合、格网建立、三维建模等。

本案例使用 Cyclone 软件进行数据拼接。测站 s1、s2 的相对坐标已知，两个测站的数据可以直接导出成一个点云数据，如图 3.26 所示。测站 s3、s4 各自导出一个点云数据。由于扫描时段和角度的原因，s2 的点云数据质量不佳，如图 3.27 所示，剔除 s2 站的数据后，s1 站的数据质量较高，如图 3.28 所示。

图 3.26　测站 s1 和 s2 的原始点云数据

图 3.27　测站 s2 的点云数据

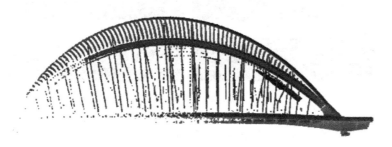

图 3.28　测站 s1 的点云数据

　　测站 s1 和 s4 是从不同角度得到的点云数据,本案例采用特征点进行拼接,图 3.29 为测站 s4 的点云数据。本案例以测站 s1、s4 的数据处理为例进行说明。

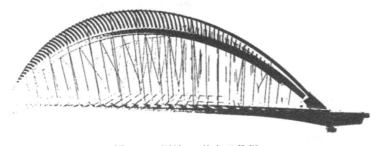

图 3.29　测站 s4 的点云数据

1)数据配准

由于目标物的复杂性,通常需要从不同方向扫描同一个物体,会产生许多测站,每个测站都有自己的坐标系统,三维模型的重构需要把不是同一个坐标系的点云数据纠正到一个统一的坐标系下。本案例采用特征点拼接的方法。

(1)打开软件 Cyclone,将数据导入新建的 ZFY 数据库。

(2)右击 ZFY 数据库,用 Create|Registration 命令进行点云的拼接。

(3)导入需要进行拼接的测站 s1、s4 点云数据。

(4)选择匹配的特征点,可以根据需要选择多个点进行匹配,至少为 3 个。

(5)然后依次单击 Add Cloud Constraint 和 Register,若误差向量符合要求,便冻结此拼接,图 3.30 为符合要求的拼接。

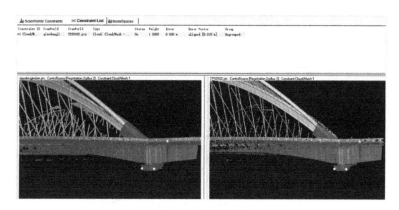

图 3.30　拼接界面

(6)最后单击 Create ModelSpace,完成拼接。图 3.31 为测站 s1、s4 拼接后的点云数据。

图 3.31　测站 s1 和 s4 拼接后的点云数据

拼接操作将点云数据纠正到统一的坐标系下,拥有统一的坐标值。拼接后的数据需要进行数据缩减、数据滤波等操作。

2)数据缩减

三维激光扫描仪可以在短时间内扫描获得大量的点云数据,扫描分辨率越高,扫描的点云数据也越庞大,大量点云数据的存储、处理、显示、输出等均会占用计算

机大量的资源,所以需要进行点云数据的缩减(陈致富,2011)。通常有两种方法进行数据的缩减:

(1)在数据获取时,对点云数据进行简单的分类,分为精扫和粗扫,根据目标物体分辨率的要求,设置不同的采样间隔来减少数据量。此方法的数据缩减效果明显,适合一些规则物体的扫描,或者不需要高精度的模型,但是一旦出现精度低的情况无法进行内业补救。

(2)采集数据后,利用算法来进行数据缩减,如基于德洛奈三角化的数据缩减算法、基于八叉树的数据缩减算法、点云数据的直接缩减法等。这些算法也有一些局限,如不能很好地识别哪些点需要删除,对结构简单的物体进行数据缩减效果较好。

本案例采用第一种数据缩减的方法,扫描时将需要用于数据拼接的桥墩部分进行精扫,扫描精度为 2 cm,大桥桥面以上进行粗扫,扫描精度为 8 cm,两种扫描精度的点云对比如图 3.32 所示。

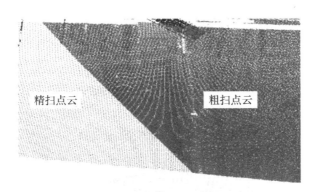

图 3.32　精扫和粗扫的点云数据对比

另外,本次扫描的数据仅仅是桥的一边,不需要另一边的数据,需要将该部分数据简化,简化后点云数据如图 3.33 所示。

3)数据降噪

由于各种因素的影响,点云数据中不可避免地存在噪声点,产生噪声的原因主要有以下三种:

(1)被扫描对象表面粗糙度、材质、波纹、颜色对比等反射特性引起的误差,被摄物体的表面较暗或者入射反射激光信号较弱、光照环境较差。

(2)扫描过程中由于一些偶然因素产生的噪声,如在扫描的过程中行人或者车辆的干扰。

(3)测量系统本身的误差,即系统误差。

噪声会影响特征点提取的精度和重建三维模型的质量,导致重构曲面、曲线的不平滑,降低模型的精度。根据点云数据的分布特征可将数据分为扫描线点云数据、阵列式点云数据、三角化点云数据、散乱点云数据。前三种是有序的点云数据,存在拓扑关系,通过平滑滤波的方法就可以进行点云降噪,常见的方法有高斯滤波、中值滤波、平均滤波。散乱点云数据降噪效果有限,常用的方法有两种:一种是将散乱的点云数据网格化,然后运用模型滤波方法进行处理;另一种方法是直接对点云数据进行滤波处理(孙正林,2011)。本案例利用软件的绘图工具将不需要的点云数据删除,进行简单的降噪处理。图3.34为数据降噪后的能够用于建模或者其他用途的点云数据。

图 3.33　数据缩减后的点云数据

图 3.34　数据滤波后的点云数据

3.2.2　点云数据匹配方法的精度分析

1. 不同匹配方法得到的点云数据分析

在分析点云数据前,需要将粗扫和精扫的数据进行融合,可使用 Cyclone 软件中 Create Object|Merge 命令进行融合。

将融合后的源自不同测站的数据用不同颜色进行标注,便于误差分析。仍以测站 s1 和 s4 的数据为例,如图 3.35 所示。

图 3.35　测站 s1 和 s4 的点云数据区分

　　下面研究点云数据通过特征点进行拼接时的误差,期望通过多次实验得出匹配精度最高、最有利的匹配方法。共选取 12 个特征点,均为桥上钢索的上下端点,如图 3.36 所示。然后分别采用 3 点匹配、4 点匹配、5 点匹配、6 点匹配,每次匹配进行 4 次独立的匹配操作。求取匹配后数据的误差,并求得误差值的均值和方差,进行分析得到最优的匹配方案。

图 3.36　特征点位置

　　表 3.1 是采集得到的误差原始数据,该误差为测站 s1 与 s4 相同特征点匹配后的位置误差。

表 3.1　点云匹配后特征点 4 次量测误差表　　　　　　　　单位:m

| 匹配点数 | 特征点位置误差 | | | | | | | | | | | |
	1 号	2 号	3 号	4 号	5 号	6 号	7 号	8 号	9 号	10 号	11 号	12 号
3	0.033	0.014	0.032	0.013	0.048	0.018	0.043	0.017	0.041	0.021	0.047	0.021
	0.066	0.043	0.160	0.042	0.181	0.064	0.186	0.041	0.197	0.042	0.216	0.068
	0.022	0.036	0.036	0.026	0.044	0.024	0.075	0.018	0.056	0.037	0.070	0.030
	0.065	0.026	0.130	0.050	0.123	0.048	0.165	0.042	0.174	0.053	0.182	0.076
4	0.025	0.008	0.024	0.008	0.026	0.016	0.028	0.015	0.027	0.015	0.031	0.028
	0.033	0.015	0.046	0.190	0.059	0.020	0.043	0.017	0.062	0.020	0.084	0.026
	0.026	0.014	0.033	0.017	0.035	0.011	0.044	0.017	0.054	0.018	0.076	0.027
	0.034	0.017	0.028	0.022	0.038	0.016	0.041	0.021	0.046	0.020	0.055	0.028

续表

匹配点数	特征点位置误差											
	1 号	2 号	3 号	4 号	5 号	6 号	7 号	8 号	9 号	10 号	11 号	12 号
5	0.023	0.019	0.025	0.016	0.028	0.017	0.028	0.019	0.031	0.018	0.039	0.019
	0.019	0.018	0.020	0.020	0.025	0.017	0.031	0.020	0.031	0.020	0.041	0.023
	0.024	0.017	0.027	0.017	0.031	0.022	0.023	0.021	0.035	0.023	0.048	0.021
	0.020	0.017	0.021	0.015	0.021	0.020	0.029	0.021	0.027	0.021	0.031	0.022
6	0.028	0.019	0.025	0.023	0.036	0.022	0.035	0.019	0.033	0.022	0.039	0.015
	0.024	0.017	0.026	0.017	0.031	0.022	0.035	0.022	0.026	0.021	0.037	0.019
	0.030	0.017	0.030	0.019	0.026	0.020	0.027	0.018	0.032	0.020	0.038	0.022
	0.027	0.019	0.033	0.015	0.035	0.020	0.038	0.019	0.034	0.020	0.041	0.027

　　选取均值和方差来进行精度的评定。均值是一系列测量值的平均值,能够反映数据的准确度;方差是评价一组数据离散程度的度量,是各个数据与其平均数之差的平方和的平均数。表 3.2 是不同匹配方法的方差、均值,以及 4 次测量总体均值、总体方差。

表 3.2　不同匹配方法的方差、均值以及总体均值和方差

误差各项指标					
匹配点数	第 n 次	均值/m	总体均值/m	方差/m²	总体方差/m²
3	1	0.029 0	0.067 9	0.000 174 9	0.001 567 61
	2	0.108 8		0.005 129 0	
	3	0.039 5		0.000 345 0	
	4	0.094 5		0.003 231 3	
4	1	0.020 9	0.033 4	0.000 065 3	0.000 162 87
	2	0.051 2		0.002 364 2	
	3	0.031 0		0.000 366 7	
	4	0.030 5		0.000 154 2	
5	1	0.023 5	0.023 7	0.000 048 1	0.000 002 27
	2	0.023 7		0.000 051 1	
	3	0.025 7		0.000 076 3	
	4	0.022 0		0.000 021 9	
6	1	0.026 3	0.025 7	0.000 060 2	0.000 001 84
	2	0.024 3		0.000 048 2	
	3	0.024 9		0.000 043 7	
	4	0.027 3		0.000 075 9	

1)不同特征点数进行匹配的平均值分析

将表 3.2 的均值项绘制成曲线图,如图 3.37 所示。

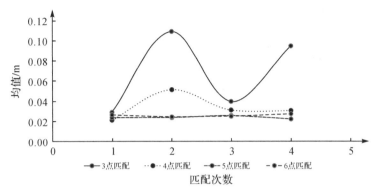

图 3.37　不同特征点数匹配的平均值分析

由图 3.37 可知:3 点匹配的平均值比其他匹配结果更大,且本身波动也大; 5 点匹配和 6 点匹配得到的平均值比较小,而且没有较大波动;5 点匹配和 6 点匹配的均值区别不明显。因此选择 5 个或者 5 个以上特征点进行匹配,可以得到精度更高的结果。

2)不同特征点数进行匹配的方差分析

将表 3.2 的方差值绘制成曲线图,如图 3.38 所示。

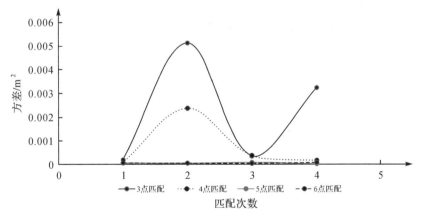

图 3.38　不同特征点数匹配的方差分析

由图 3.38 可知:5 点匹配和 6 点匹配的离散程度低于 3 点和 4 点匹配,匹配的误差数据更加集中;3 点匹配有时也能得到离散程度较低的数据,但是极不稳定, 变化大。因此选择 5 个或者 5 个以上特征点进行匹配,每次得到的匹配数据比较接近,匹配后的点云数据误差分布比较集中。

3）相同误差向量在不同点数匹配的方差分析

每次拼接时,软件会给出一个误差向量,作为匹配精度的参考。表 3.3 为误差向量为 0.012 m 时在不同点数匹配的方差分析数据,绘制成曲线图如图 3.39 所示。

表 3.3　0.012 m 的误差向量在不同点数匹配的方差分析

0.012 m 误差向量	3 点匹配(1)	4 点匹配(2)	5 点匹配(3)	6 点匹配(4)
方差/m²	3.4×10^{-4}	1.5×10^{-4}	5.1×10^{-5}	4.4×10^{-5}

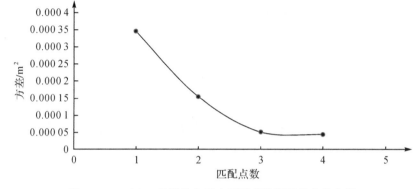

图 3.39　0.012 m 的误差向量在不同点数匹配的方差分析

由图 3.39 可知,对同一个误差向量 0.012 m,得到的方差也是不同的,随特征点数的增加呈现越来越小的趋势,并且在 5 点匹配后呈现稳定。因此,5 点或者多于 5 点的匹配在全局点云的数据匹配精度更加一致。

4）各匹配方法 4 次均值的平均值分析

不同特征点数的数据匹配各做了 4 次,4 次匹配的均值直接反映匹配精度的高低。将表 3.2 的 4 次均值的平均值绘制成曲线图,如图 3.40 所示。

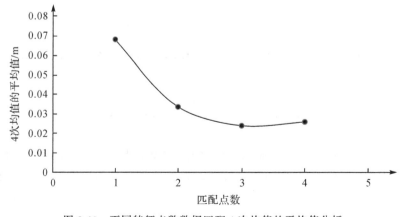

图 3.40　不同特征点数数据匹配 4 次均值的平均值分析

由图 3.40 可知,参与匹配的特征点数越多,精度越高,但多于 5 点后,变化不大。因此,匹配点数在 5 点或者 5 点以上,即得到精度高的匹配结果。

综上所述,选择 5 个特征点进行拼接,可以利用最少的特征点数得到较高的匹配精度。

2. 不同匹配方法建模分析

由于 Cyclone 软件不擅长对不规则物体进行建模,所以将前期处理过的点云数据导出为 PTS 格式,再导入 3DReshaper 软件进行建模。本案例仅进行简单的建模,着重于对模型精度的评定。实验步骤叙述如下:

第 1 步:将 Cyclone 中处理好的点云数据导出为 PTS 格式。

第 2 步:用 3DReshaper 软件打开导出的 PTS 数据,处理点云据不完整的地方。

第 3 步:选择需要生成模型的点云数据进行三维网格化,选择均匀采样。

第 4 步:利用特征点创建多义线,选取的特征点用于保证后期建立的截面位于同一位置。

第 5 步:同时选取多义线和需要截面的网格,选择"沿曲线截面"功能,设置均匀截取,截取距离为 5 m。

第 6 步:关闭点云化的三维网格,留下点云数据和截面,然后在两组网格生成的截面中选取同一个位置的网格,利用同一特征点的偏差提取误差数据。

上述步骤可以进行一次完整的数据提取,对多种匹配方法的比较,只需重复上述提取过程即可。下面通过两种方法分析截面误差的规律:一是通过同一种方法匹配的数据在不同误差向量的情况下;二是通过不同方法得到的数据在同一误差向量的情况下。截面误差的提取如图 3.41 所示。

图 3.41　截面误差的提取

1)不同误差向量的截面误差分析

分别使用 4 点匹配和 6 点匹配两种方法匹配的数据进行分析,避免一组数据可能出现的偶然性。两组的误差向量是 0.011、0.012、0.013。表 3.4 为获取的截面误差数据。

表 3.4　不同误差向量的截面误差　　　　　单位：m

匹配方法	4 点匹配			6 点匹配		
误差向量	0.011	0.012	0.013	0.011	0.012	0.013
截面 1	0.009 4	0.012 3	0.011 3	0.002 4	0.010 8	0.010 7
截面 2	0.010 6	0.012 0	0.013 2	0.001 3	0.010 9	0.011 4
截面 3	0.009 6	0.012 0	0.009 3	0.001 4	0.011 8	0.017 2
截面 4	0.009 1	0.012 8	0.012 2	0.004 1	0.008 1	0.012 3
截面 5	0.009 6	0.011 5	0.009 7	0.002 8	0.007 5	0.013 1
截面 6	0.009 7	0.011 7	0.006 9	0.004 0	0.006 0	0.013 8
截面 7	0.010 1	0.010 6	0.008 2	0.004 6	0.007 3	0.012 8
截面 8	0.008 9	0.010 3	0.005 0	0.006 3	0.006 4	0.013 0
截面 9	0.009 7	0.009 6	0.004 0	0.007 5	0.004 6	0.014 1
截面 10	0.009 8	0.010 6	0.003 8	0.005 6	0.004 4	0.016 9
截面 11	0.009 9	0.012 5	0.004 8	0.005 9	0.004 5	0.020 2
截面 12	0.009 9	0.010 2	0.006 3	0.005 2	0.004 0	0.015 8

将表 3.4 中 4 点匹配得到的界面误差数据绘制成曲线，如图 3.42 所示。

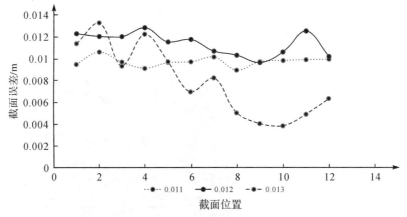

图 3.42　4 点匹配不同误差向量的截面误差分析

可以进一步求得截面误差的方差，如表 3.5 和图 3.43 所示。

表 3.5　4 点匹配时不同误差向量的截面方差

误差向量/m	0.011	0.012	0.013
方差/m^2	1.9×10^{-7}	1.09×10^{-6}	1.068×10^{-5}

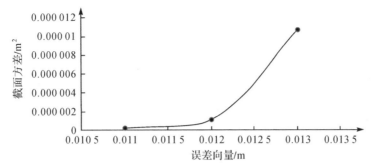

图 3.43　4 点匹配时不同误差向量的截面方差

同理,6 点匹配的分析如图 3.44、表 3.6 和图 3.45 所示。

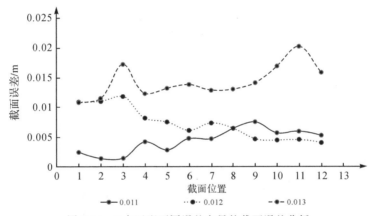

图 3.44　6 点匹配不同误差向量的截面误差分析

表 3.6　6 点匹配时不同误差向量的截面方差

误差向量/m	0.011	0.012	0.013
方差/m²	3.91×10^{-6}	7.55×10^{-6}	7.50×10^{-6}

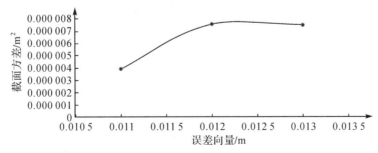

图 3.45　6 点匹配时不同误差向量的截面方差

通过上述两种方法各自不同误差向量的截面误差可以看出:4点匹配时不同误差向量所对应的截面误差差距很大(相差一个数量级);而6点匹配时虽然呈增长趋势,但是差距很小,离散程度一致。匹配的误差向量越小,模型的误差就越小;匹配点数越多时,模型的整体误差控制更好,误差分布均匀,离散程度小。所以,选择匹配点数多于4个且误差向量越小的,模型的精度越高。该特征与点云误差的分析是一致的,说明此方法可行。

2)不同匹配方法的截面误差分析

对于不同方法匹配得到的数据,选取相同的误差向量0.012进行截面误差的分析。对应的匹配方法分别是3点匹配、4点匹配、5点匹配及6点匹配,如图3.46、图3.47、表3.7和表3.8所示。

表3.7　不同匹配方法的截面误差　　　　　　　　单位:m

匹配方法	3点匹配	4点匹配	5点匹配	6点匹配
截面1	0.069 8	0.062 1	0.045 3	0.029 6
截面2	0.080 6	0.074 8	0.056 3	0.030 4
截面3	0.103 9	0.058 5	0.043 2	0.039 1
截面4	0.074 0	0.060 8	0.054 3	0.046 3
截面5	0.070 1	0.063 0	0.051 4	0.036 2
截面6	0.063 1	0.059 3	0.066 4	0.034 6
截面7	0.081 8	0.052 5	0.044 1	0.048 4
截面8	0.070 8	0.064 8	0.044 9	0.038 9
截面9	0.076 1	0.074 4	0.045 2	0.029 6
截面10	0.063 2	0.044 8	0.056 8	0.033 8
截面11	0.074 0	0.049 9	0.054 4	0.051 2
截面12	0.104 0	0.078 3	0.043 6	0.030 3

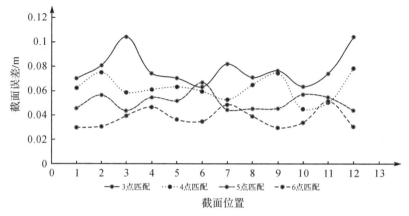

图3.46　不同匹配方法的截面误差分析

表 3.8　不同匹配方法的截面方差　　　　　　　单位：m^2

方法	3 点匹配(1)	4 点匹配(2)	5 点匹配(3)	6 点匹配(4)
方差	0.000 183 8	0.000 104 0	0.000 053 0	0.000 058 2

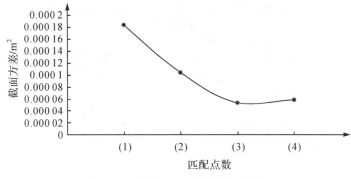

图 3.47　不同匹配方法的截面方差

由上述图表可知,虽然是同一个误差向量,但是由不同方法匹配得到的截面误差是不一样的。匹配的点数在 5 点或者 5 点以上得到的截面误差较小,且不会随着匹配点数的增加而减小,呈现出一个稳定的状态;离散的程度也是随着点数的增加而减小,直到 5 点才出现稳定。因此,匹配点数为 5 点或者多于 5 点,模型的误差小且全局误差波动性小,利于整个模型精度的提高。

本节点云数据匹配方法的精度分析共有两个实验:实验一是点云数据的精度分析,得出 5 点匹配或多于 5 点匹配的方法,得到的精度高,误差的离散程度小,误差向量也较集中且差值小;实验二是模型的精度分析,得出 5 点匹配或者 5 点以上的匹配,得到模型精度高且整个模型的误差集中。上述两个实验,既独立又可以相互验证,匹配后点云数据的精度越高,得到的模型精度也越高。两个实验最终得出:匹配的特征点数为 5 点或者多于 5 点,得到的数据精度高,而且出现稳定的状态。

§3.3　钢结构楼梯三维激光扫描及建模

钢结构建筑建模与其他物体建模有很大区别。建模时,需利用 Cyclone 软件将钢结构的每一个点云构成的平面提取出来拟合成一个平面,然后将所有平面拟合成一个三维立体模型。

3.3.1　平面生成

利用切割和去噪后的点云数据进行数据建模。首先,将视角定在所需建模的平

面上，在 Pick Mode 模式下选择特征点云，即点云构成平面中的平面中心或显示清晰的点云，如图 3.48 所示。然后，单击菜单栏 Create Object|Region Grow|Path 命令。

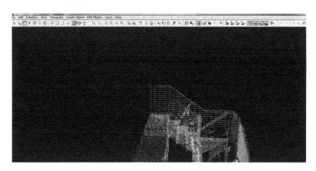

图 3.48　选择成面点云

图 3.49 中白色平面就是所需建模的平面，图中的菜单栏为建模平面的参数。Cyclone 软件会自动计算参数的默认值，大多数不需要调整。

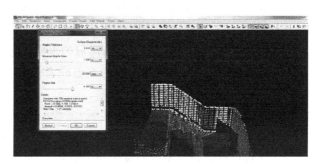

图 3.49　生成平面

图 3.50 为已经拟合好的几个平面，但部分是不规则的，如图 3.51 所示。

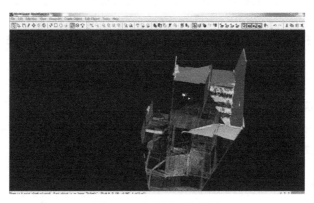

图 3.50　生成平面俯视图

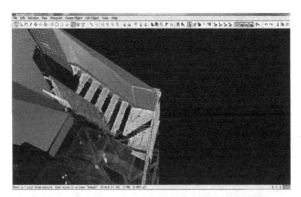

图 3.51　不规则图形

如图 3.52 所示可以看出,钢结构建模非常复杂。在建模过程中需要将其与原先的点云重合,图 3.52 中显示的是不合格部分。

图 3.52　不合格平面

建模时,还会出现不规则平面,如图 3.53 所示。

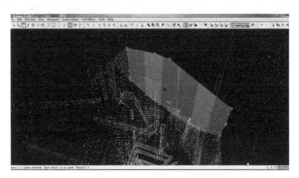

图 3.53　生成的不规则平面

将不规则平面转换为规则平面,如矩形,需单击菜单 Edit Object | Path | Make Rectangular。

　　然后,在 Pick Mode 视角下单击建模后的平面,会出现如图 3.54 所示的几个特殊点,可以通过拖动特殊点调整建模平面的形状。

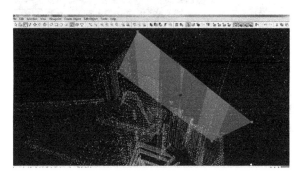

图 3.54　规则平面生成

3.3.2　平面拼接

　　通过平面生成操作,可以将三维坐标的点云数据转化为平面。有时还需将某些单体进行三角平面转换,如台阶的立体模型。如图 3.55 所示,基于点云数据生成的三角平面,选择延伸命令,将其转换成三棱柱。单击菜单 Edit Object|Extrude 命令,在弹出的对话框中调整延伸大小,得到相应参数,单击 OK。

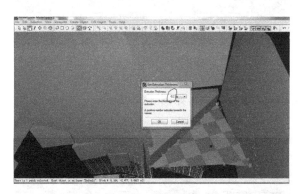

图 3.55　平面延伸

　　处理后,得到如图 3.56 所示的立体台阶(侧视图中白框标记处)。如果点云数据不完整,得到的平面是倾斜的,延伸后的立体也会变得倾斜,如图 3.57 所示。

　　图 3.57 中显示规则三棱柱,但没有与对应的点云处于同一平面,单击 Edit Object|Handles 命令,然后单击 Show Rotation Handles 命令。

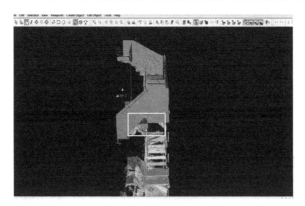

图 3.56　台阶生成

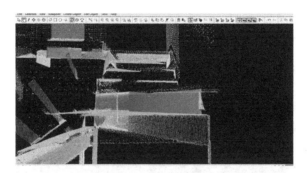

图 3.57　倾斜的台阶

如图 3.58 所示,在 Pick Mode 下,通过单击、拖拽来达到预期的效果。

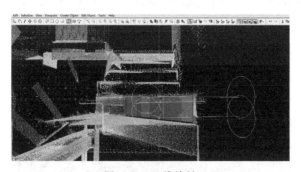

图 3.58　三维旋转

重复上述步骤,最后得到钢结构三维模型。

如图 3.59 所示,建模时,将点云构成的平面通过提取建立为平面,通过多个平面的拼接,获取钢结构的三维模型。此时,建模时提取的点云平面仍然存在,可单击 View|Hide Point Cloud 命令隐藏点云,获得三维模型,如图 3.60 所示。

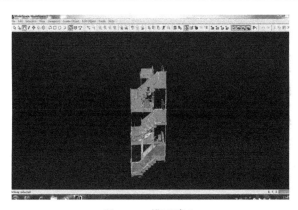

图 3.59　模型建立

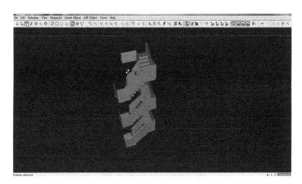

图 3.60　竖井模型

重复上述步骤,将钢结构全部放出,如图 3.61 所示(彩图见附录)。

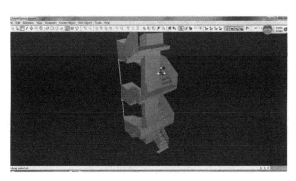

图 3.61　钢结构建模

3.3.3　SketchUp 三维建模

在 Cyclone 软件中,采用平面拼接的方法得到钢结构模型,但效果并不是太好。将钢结构模型以 DXF 格式导入 SketchUp 软件中,利用软件的特性将钢结构模型着色,如图 3.62 所示。

图 3.62　数据导出

在 SketchUp 软件中,导入数据,如图 3.63 所示。

图 3.63　数据导入

利用 SketchUp 软件中的填色功能,选择颜色和材质,将钢结构模型着色。本案例材质选择金属材料,并将对应的楼梯、栏杆、隔墙着色,最终效果如图 3.64 所示。

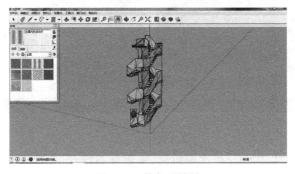

图 3.64　着色后效果

第4章 三维激光扫描技术在文物保护领域的应用

本章分别以蒙山大佛、孝义金龙山观音像、北魏陶牛车为研究对象,使用徕卡 MS50 三维激光扫描仪和 HDS6800 扫描仪采集点云数据,采用多种软件对不同特点的点云数据进行处理及三维建模。

§4.1 蒙山大佛三维激光扫描及建模

4.1.1 点云数据采集方案

高效、准确地实现样件表面数字化,是实现逆向工程的关键技术和首要环节。数据获取的方法分为两种:接触式测量和非接触式测量。接触式测量主要是通过三维扫描仪上的传感测头去碰触被测量物体的表面,以获取空间点的坐标(魏天翔等,2013)。这种方式的测量准确性较高,但其测量的效率很低,测量过程往往依赖于测量者的经验。非接触式测量主要是通过激光对物体的空间外形和结构及色彩的扫描,以获得物体表面的空间坐标。这种方式因测量速度快、不需要做半径补偿等优点,在实际应用中已占据了主导地位。

点云数据的采集是使用徕卡 MS50 三维激光扫描仪。由于实地地形限制,只能从两个方向对蒙山大佛进行扫描,如图 4.1 所示。采集数据时应注意以下几点:

图 4.1 扫描蒙山大佛

(1)现场踏勘时,认真分析现场地形、地物分布特点,合理设置扫描站点,尽量避免扫描盲区的出现,保证重要的地形、地物不会位于盲区。

（2）对文物扫描时，建议对不同部分采用不同分辨率扫描。如对佛头或者其他平整的区域等可采用较小的分辨率（5 cm），但对于结构复杂的区域要用相对密集的点云表示（毫米级）。

（3）使用外置相机系统拍摄照片时，可在扫描之前且自然光线较好的条件下拍摄，因为可能在扫描完毕后，遇到下雨天气等情况，耽误了拍照的时机。拍照时可设置自动包围曝光，每个场景有三张照片：当前曝光值照片、正补偿值照片、负补偿值照片。然后内业再作选择（马青 等，2014）。

1．点云数据采集

点云数据采集有以下几步：

（1）在大佛的东南侧、西南侧设立两个控制点，由于树木遮挡，需要在两站之间多设立一个点作为转点。

（2）在一点架设三脚架，在三脚架上架设三维激光扫描仪，仪器对中整平后，先对测站信息和采样信息等进行设置，如输入仪器高、圈定扫描区域、设定扫描点间距等操作。

（3）扫描完成后，命名并保存数据。下一个测站重复上述工作。

（4）扫描结束后关闭仪器，检测点云数据是否完整或者是否有效果不好的区域，然后决定是否要进行加密测量或者重测本站，最后确保得到精确可靠的点云数据。

2．扫描测站

扫描仪的架设位置如图 4.2 所示。

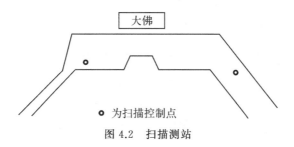

图 4.2　扫描测站

4.1.2　数据处理

数据采集完后应用 Geomagic Studio 软件打开 PTS 数据，对点组数据进行处理。噪声数据的优化（用来去除杂点）、智能的取样程序（用来降少点数）、点云的过滤等都能排除在扫描过程中捕获的多余或错误的数据。通过点阶段的改进，点云数据能被有效地多边形化，并得到一个较高质量的多边形对象（魏天翔 等，2013）。

1．点云数据处理

1）点云导入

模型在扫描过程中，单个视图很难表达出一个完整的数据模型，往往是由多个不同的视图拼接而成的。如果扫描仪本身的软件自带拼接功能,可以在扫描完单幅数据后进行相邻数据共同点的拼接。同样在 Geomagic Studio 逆向软件中也能实现多视图的拼接。因为在测量时架设的控制点之间已经建立了相对位置关系,所以将数据导入计算机后不再进行点云拼接。将原始点云数据导入 Geomagic Studio 中,如图 4.3 所示。整个模型的点云数据量非常之大,在模型处理时画面会很不流畅。此时可通过模型上的显示栏,来调整其在点阶段的静态或动态的百分比,使其减少数据量的显示。

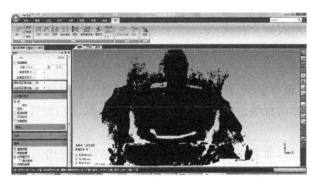

图 4.3　点云导入

2)点云着色

将大佛点云数据导入软件后,为了方便处理、操作和建模,需要对点云数据进行着色,着色后的点云数据如图 4.4 所示。

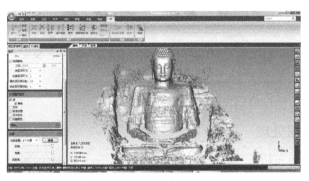

图 4.4　点云着色

3)坏点处理

坏点的处理分为杂点(bug)和噪声点(noise)的处理。

(1)杂点的处理。杂点就是测量错误的点,是无效的点,放大后即可看到是一些明显离开物体表面且孤立存在的点。在扫描过程中不可避免地会出现一些游离

在主云系点之外的点,称为杂点。杂点并非是所需扫描的点云数据,可能是一些阳光的反射点或支撑物等。有时是以群系的状态出现的,有时也以单个或少量的群系出现。可以分别通过选取体外孤点和非连接项去拾取模型以外的点,并去除它们。由于外界环境的震动,扫描仪校正不精确或被扫描物体表面处理不好,都有可能使扫描的数据出现杂点。基于大佛数据的唯一性和特殊性,在减少噪声时尽可能去表达出大佛本身的特征。所以在减少噪声时,平滑级别滑块放在中等偏下处,以保证大佛本身特质的完整性。在测量大佛过程中,杂点基本上都是由于石刻表面的植物遮挡造成的,如图 4.5 和图 4.6 所示。在 Geomagic Studio 中,着色后的这些点十分明显,对于该类点可用 Geomagic|Select Outliers 功能自动选择并删除这些体外孤点。

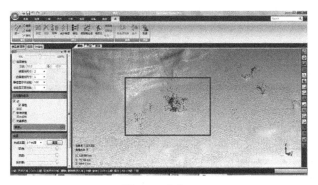

图 4.5　杂点 1

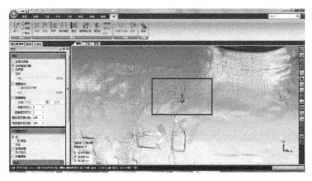

图 4.6　杂点 2

　　(2)噪声点的处理。由于扫描设备的轻微震动、扫描校准的不精确或被扫描物体表面处理不好,导致测量数据会存在系统误差和随机误差。其中有一些测量点的误差会比较大,甚至超出允许的范围,可能导致大佛曲面对象粗糙和不均匀,这样的点称为噪声点(李燕 等,2008)。此次扫描蒙山大佛过程中,产生的噪声点主

要是由架设两测站之间的位置关系误差导致的,在点云数据上表现得也十分明显,如图 4.7 所示。为了减少噪声点,用 Geomagic|Reducenoise 功能,选中自由格式形状选项,设定 Smoothness Level 为 Medium 且 Deviation Limit 为 0.1,用于限制平顺时位移的最大距离和删除移动时超过该数值的点数据,就可得到比较光顺的点云数据。如果还存在一些误差较小的噪声点,可在以后的步骤(多边形处理)再进行处理。

图 4.7　噪声点

在去除坏点之后,生成的点云数据基本为希望扫描得到的数据。此次蒙山大佛可采集到的有效点云数据如图 4.8 所示。

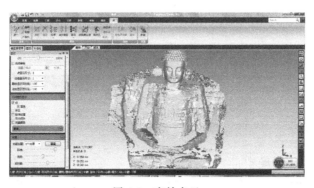

图 4.8　有效点云

在此需要说明,由于场地的限制,本案例对蒙山大佛的扫描只能仰视进行,图 4.8 中的空白部分均为没有扫描到的部分。鉴于此次扫描设备有限,并且无特殊要求,仅用这些点云来建模;若有其他要求,可以使用手持三维激光扫描仪补充扫描,或到大佛旁边较高的地方俯视扫描。

4)填充孔

填充孔,即在无序的点对象曲面上将有序的点插入空隙。确保点云能生成有效的多边形。此时填充孔还具有另外一个作用,即将不封闭的点对象曲面封闭起来。虽然填充孔是在建立多边形之后才进行的步骤,但是由于部分点受环境影响未采集完整,若生成多边形会变成开区间,不能使用多边形填补方式,所以此时需要使用点来填充孔,如图 4.9 和图 4.10 所示。

图 4.9　填充孔 1

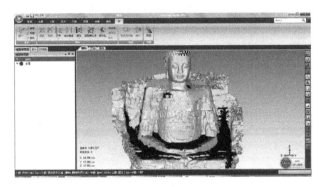

图 4.10　填充孔 2

　　需要指出的是,由于实地情况限制,只可以仰视进行扫描,对于一些比较高的凹槽处,无法扫描得出,所以此处的点只能根据点云的对象曲面和照片进行填充,使模型更加完整。在填充点时,不能全选进行填充,软件在处理这些点云数据时,是根据所有点的对象曲面的曲率来填充的,全选填充会对点比较少、比较稀疏的区域进行弱化,而有些部分又会多余,无法真实反映大佛的每一个细节,所以必须分块进行填充,确保每个部分都能真实的展现。如图 4.11 是分块填充后的效果,图 4.12 是全选整体填充的效果。

　　5)统一采样

　　统一采样,即将平坦曲面上点的密度减小,而又不使点云质量受影响的减少点数量的方法。减少点数量是为了减少数据量,方便操作处理。使用统一采样功能

（图 4.13），将点间距的绝对值设置为 0.04 mm（图 4.14），从而将 400 万个点减少至 69 万个，大大减少了数据量，如图 4.15 所示。

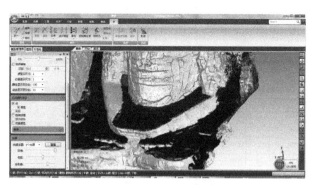

图 4.11　分块填充效果

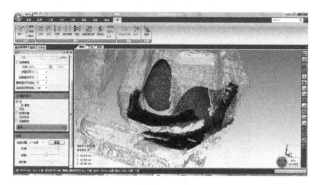

图 4.12　全选填充效果

图 4.13　统一采样命令　　　　　　　　图 4.14　点间距设置

图 4.15　统一采样后点云数据量

2. 生成多边形网格

1）封装

将点云数据生成多边形网格（一般是生成不规则三角网格），封装后的模型如图 4.16 所示。多边形封装实质上是用许多细小的空间三角片来逼近还原 CAD 实体模型。曲面封装时，三角片质量的好坏直接影响其后拟合出大佛模型的曲面质量，主要通过删除三角形、平滑曲面、填充孔、修补边等技术来生成高质量的三角面片。

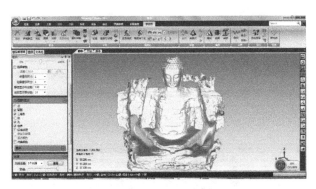

图 4.16　封装后模型

2）孔洞填补

封装好的模型会有很多空的多边形，如图 4.17 所示，这类多边形需要填充；也会出现一些多余的多边形，如图 4.18 所示，该类多边形需要删除。填充孔有两种方式：全部填充和填充单个孔。这两种方式都可以将多边形对象内的孔填充。

点云时常会因为测量时的数据缺失而产生孔，可以用补洞命令进行填补。孔分为中间型、边缘型和桥接型，填补这三种孔的方式一般都是基于曲率的填充。根据大佛的特点,本案例处理采用了中间型和边缘型的补孔方式对孔进行修补。若直接填补孔的效果不理想,可以用补孔命令对话框中的删除功能,把孔适当挖大后再补,这样可避免大佛封装模型中出现相交三角形时补孔效果不佳的情况。初步处理阶段完成后的模型如图 4.19 所示。

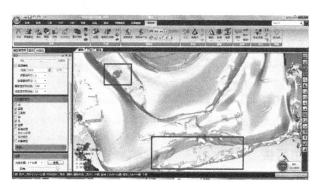

图 4.17　多边形孔 1

图 4.18　多边形孔 2

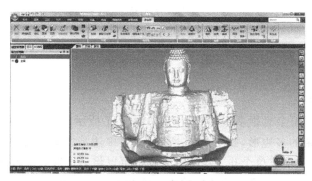

图 4.19　填补后大佛模型

3. 佛头镜像处理

此次扫描过程中,由于场地与时间的原因,在第一站对佛头的扫描点间距为 25 mm,而在第二站对佛头扫描点间距变为了 40 mm,因此造成了两次点云的密度不同。从着色后的点云上可以明显地看出,头部左侧点云的密度明显小于右侧,如图 4.20。

图 4.20   佛头原始点云图像

因为扫描密度低且距离大佛比较近,所以佛头左侧数据质量较差。为了完成建模工作,可以将佛头右侧质量较好的点云数据镜像处理,复制到左侧,既解决了佛头点云数据质量差的问题,还能消除由于两站数据拼接所造成的点云误差。处理步骤如下:

(1)将佛头裁剪下来,与佛身分成两部分,分别保存,如图 4.21 所示。

图 4.21   裁剪佛头

(2)将佛头点云数据导入软件,选中大佛头像左侧部分,并将其删除,如图 4.22 所示。

(3)镜像处理,即将平面一侧的模型复制至另一侧,创造一个相同的模型。单击【镜像】按钮,因为在此次建模中,并不知道模型的确切位置,用系统平面无法确定对称面的位置，只能选择人工定义边界。选择【拾取边界】，对齐边界一栏定义选择【三个点】，然后在佛头切面上选取三个点，如图 4.23 所示。

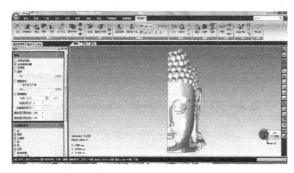

图 4.22　删除左侧佛头

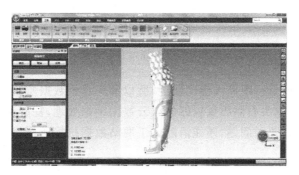

图 4.23　设置对称面

因为是人工操作，不能选取完全合适的三个点，因此，在镜像处理后，会有部分区域重叠、部分区域空白。对于此类问题，可以将多边形移除，使多边形模型变成点云模型；进行点云数据处理后，再封装；除去不合格多边形，填补孔，之后会获得一个较为完整的佛头模型，如图 4.24 所示。

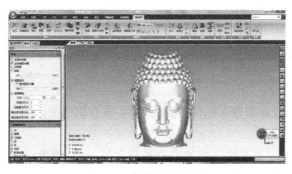

图 4.24　镜像处理后佛头

4．建立多边形模型

佛头与佛身拼接，将佛头与佛身的文件同时导入，如图 4.25 所示。

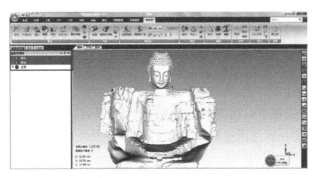

图 4.25　佛头与佛身导入

在 Geomagic Studio 中，选择菜单栏【工具|注册|手动注册】，或单击【工具栏|手动注册】，在模型管理器中弹出【手动注册】对话框。选择【模式|1 点注册】，在定义集合中固定合并的点 1，在浮动中选择中间合并的点 2，选中着色点。找到固定窗口和浮动窗口两个点云的公共特征点，选取模型上的一个特征点作为注册对齐点。首先在固定视图上单击该点，然后再在浮动视图中选取该点。此时，前视窗模型就按照一定的方式自动对齐。单击【注册器】，完成数据注册。单击【下一步】，继续对点云进行注册。选择【模式|N 点注册】，在浮动块中选择剩下的该点云。依次在固定视图和浮动视图中选择中间的 5 个点进行注册，单击【确定】，完成手动注册。注册步骤，如图 4.26 所示。

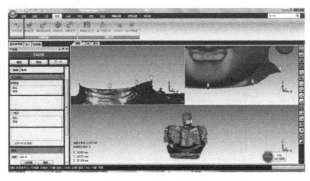

图 4.26　模型注册

对于【注册】对话框中部分选项说明如下：

（1）【模式】编辑框可以选择注册的方式，它包括 1 点注册、N 点注册和删除点三种注册方式。选择 1 点注册方式时，系统将根据选择的一个公共点进行模型的注册;选择 N 点注册时,根据选择的多个特征点进行数据注册;选择删除点时,可以根据点云的实际特征进行灵活选择。一般情况下常用 N 点注册的方法,该方法精度比较高。

(2)【定义集合】编辑框可以人为地选择固定模型和浮动模型对象,一般在固定点云上按顺序选择一些特征点,系统会自动给出序号点,并在浮动点云上选择与之对应的点,这样相互对应的点就会对号入座,叠加重合在一起,两块孤立的模型被合并在一起。

(3)【固定】复选框可以选择相应的固定模型的项目,单击其名称后该模型会以红色加亮显示在工作区的固定窗口。注意,固定模型必须是在注册过程中保持固定的部分。

(4)【1 点注册】时接近的方位很重要,否则注册不能正确工作。尽量选择合适的点是获得高对齐精度的关键,以使它们几乎正确地在物体的相同位置。如果选的点不理想,可以单击 Ctrl+Z 组合键来撤销上一次选择。

(5)【N 点注册】软件将自动尽量拟合两个扫描数据在一起。如果模型的方位相似,选择的点接近,下面的主窗口将更新显示对齐的扫描数据。如果两个扫描数据出现了不正确的对齐,但还比较接近,可以单击【注册器】来重新定义该拟合。如果模型离得很远,或选择的点不够好,则需要单击【取消注册】,然后重新选择注册点。在计算的过程中,按下 ESC 键将会停止当前的命令。

(6)【全局注册】,选择菜单【工具|注册|全局注册】,弹出【全局注册表】复选框,单击【应用】。扫描数据经过重新计算使对齐的误差进一步减小。如果在每次扫描多选框里打勾,命令停止时系统会显示每次扫描的偏差。为了检查扫描数据,单击【分析】。设置密度值为完全,单击【计算】,计算后会显示一个对齐偏差色谱图。完成拼接,得到的模型如图 4.27 所示。

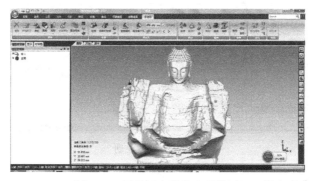

图 4.27　拼接后大佛多边形模型

使用【多边形|合并】命令,将佛头与佛身合并,选择采样执行质量为最高,其他

均为默认，如图 4.28 所示。使用的是镜像处理，由于技术和条件有限，或者佛像本身不是完全对称，所以在左侧拼接时会有部分缺口，如图 4.29 所示。

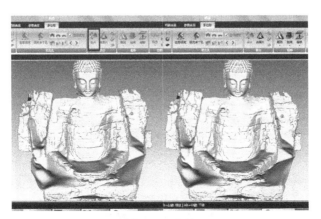

图 4.28　合并

图 4.29　拼接缺口

在拼接完成后，将多边形模型转换为点云数据，然后进行补充点，如图 4.30 所示。

图 4.30　缺口补充点

　　再进行封装,得到多边形网格。由于拼接的原因,封装后接口处会有不平整部分,如图 4.31 所示,此时使用【多边形│删除钉状物】命令,平滑级别调至最高。表面平滑处理结果如图 4.32 所示。

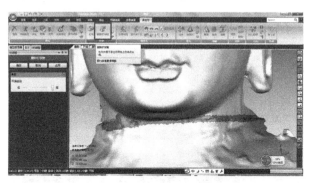

图 4.31　不平滑的接口

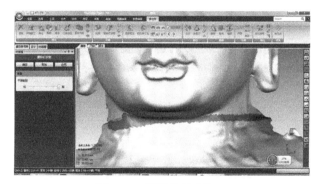

图 4.32　平滑处理后接口

　　最后得到大佛较为完成、真实的多边形模型,如图 4.33 所示。

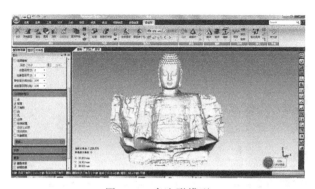

图 4.33　多边形模型

5. 建立三维模型

建立三维模型就是要将多边形网格模型生成 NURBS 曲面,完成建模。将多边形网格模型通过【精确曲面|精确曲面】命令,建立新的曲面片布局,如图 4.34所示。

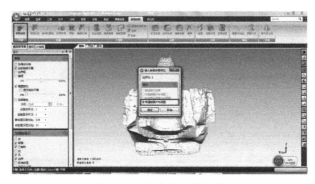

图 4.34　生成曲面片布局

使用【精确曲面|自动曲面化】命令生成 NURBS 曲面,即建立三维模型。由于蒙山大佛模型表面曲面较为复杂,要生成较为真实的模型,需要将【曲面细节】选项调至最大值,如图 4.35 中所示。

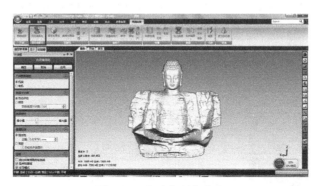

图 4.35　自动曲面化命令

最终建立的三维实物模型如图 4.36 所示。

6. 建立大佛复原模型

在进行风化侵蚀分析之前,需要建立一个复原模型。首先,把建立的大佛实际模型导入 Geomagic Studio,转换为点云,将佛身的部分曲率光滑区域圈选,删除,如图 4.37 所示;再将该部分进行填充,如图 4.38 所示,进行填充后的区域表面的曲率就近似于原始大佛的整体表面。

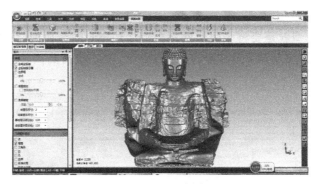

图 4.36　大佛三维模型

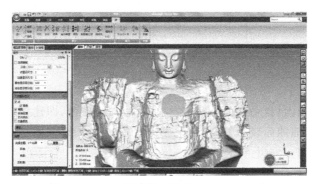

图 4.37　挖孔

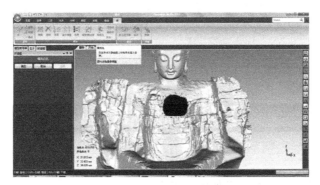

图 4.38　填充孔

　　然后,再圈选相邻部分的点云,重复上述操作。在此需要强调,不能大面积圈选点云数据,否则会使大佛的模型失真,并且这种方式处理点云数据,在圈选、删除、填充几个区域后,要先封装,建立多边形网格,观察是否有不合格的多边形,及时做出修改。若多边形网格合格,则再将其转为点云数据,继续重复上述操作,将复原模型建立。最后得到的大佛复原模型如图 4.39 所示。

图 4.39　大佛复原多边形模型

4.1.3　风化侵蚀分析

将蒙山大佛三维实物模型与复原模型同时导入 Geomagic Studio 软件,选中实物模型,使用【精确曲面|偏差命令】,与复原模型进行对比,如图 4.40 所示。

图 4.40　实物模型与复原模型导入

风化程度分析效果如图 4.41 所示(彩图见附录),实物模型与复原模型对比,图像十分直观、生动地反映出大佛的每一部分的风化侵蚀情况。并且,在色谱选项栏中,可以根据实际需要调整颜色端、最大临界值、最大名义值等选项。

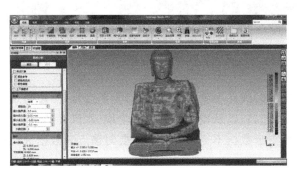

图 4.41　大佛风化程度分析

§4.2　金龙山观音像三维激光扫描及建模

金龙山文化旅游景区位于孝义市高阳镇下吐京村西,北靠河汾高速公路,南靠省道孝石线,距孝义市区 7 km,交通发达。主要由崇孝寺、观音大佛、金龙庙、金龙泉、文昌阁等建筑组成,金龙山景区内古建筑文物众多,自然风景优美,是旅游休闲胜地。本案例主要对金龙山景区的观音大佛进行扫描观测,观音大佛总重量 $3×10^6$ kg,像高 26.06 m,大佛本体加莲花宝座共高 39.91 m。

4.2.1　点云数据采集及预处理

1. 数据采集

使用三维激光扫描仪对观音大佛正面、背面、侧面进行了四站扫描。其中背面数据在控制点处扫描得到,而其他三站数据由于时间限制均是自由设站扫描得到,总共用时三个半小时。在设站时测站点距离建筑物应在 60 m 左右,不得超过100 m,每个测站所扫描的范围大小尽可能一致。扫描现场如图 4.42 所示。

图 4.42　扫描现场

2. 点云数据处理

由于扫描大佛的时间在中午一点到四点,光照度强,测站与观音大佛的视域范围内有树叶、游客的遮挡,以及空气中的许多尘埃、水汽等的影响,导致错误点云数据的产生。扫描的点云数据不完整、有缺失,要对该点云数据进行初步的去杂与补漏等一系列处理。

1).点云的去噪

使用 3DReshaper 软件对大佛点云数据进行去噪处理,先使用定义点到周围点最近距离阈值,即定义点间最大距离和点云间最小距离的方式来去噪,处理过程如图 4.43(a)所示。通过去噪去除天气、光照、尘埃、仪器自身因素等对大佛点云的影响,然后对树叶、人影、黑斑等不需要的点云进行手动删除。去噪后的效果如图 4.43(b)所示。

(a) 处理过程　　　　　　　(b) 处理结果

图 4.43　点云去噪

2).点云的删除

点云的删除使用矩形或多边形框选非连接顶点、体外孤点,以及各种杂点,然后删除。需要注意的是在 3DReshaper 软件中框选的多边形是三维立体的多边形,而不是平面多边形。还可以通过拉伸多边形的顶点来构建多面体,更加方便地进行点云的删除。图 4.44(a)为多边形裁剪,图 4.44(b)为多面体裁剪,可以看出多面体裁剪效率更高,并且可以去除观音大佛内部的点云,而多边形裁剪不能去除。

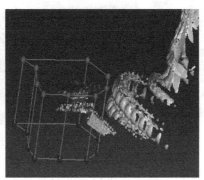

(a) 多边形裁剪　　　　　　　(b) 多面体裁剪

图 4.44　点云的删除

3)点云的补漏

由于三维激光扫描仪对大佛只进行了四站扫描,扫描的密度不够大,会有一些死角,遮挡的地方没有点云数据,出现了点云漏洞,而这些地方的点云数据是有用的,需要用手动填充的方式来补全这些点云。通过手动选择点云漏洞的区域,利用周围点云来拟合漏洞区的点云并填充,但是这种方式不适合曲率变化较大的地方,否则会导致曲面的变形。它也不适合补全漏洞过大的地方,有可能失去大佛的部分表面特征。点云的补漏只是初步的补漏,较大漏洞通过后续的步骤处理解决。

4)点云数据的配准

由于观音大佛的点云数据是由四站分别扫描得到的,需要将四站的点云数据合并为一个点云数据。点云数据的配准是指将不同测站扫描到的同一点即同名点对进行匹配,从而合并公共部分使两站数据处于同一坐标系下,生成一个完整建筑物的点云数据。

使用 Cyclone 软件对观音大佛进行了四次的点云配准:①正面与左侧面点云数据的配准;②正面与右侧面点云数据的配准;③对步骤①与②中生成的新点云进行配准;④对步骤③中产生的新点云与背面点云数据进行配准。通过四次的点云数据配准拼接出完整的观音大佛点云。

需要注意的是点云的配准至少需要四对同名点对,同名点对的选择应该均匀分布,具有明显的特征,最好不在同一平面内。点云的配准如图 4.45 所示。

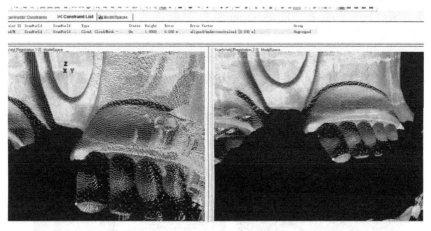

图 4.45　点云的配准

配准的点云数据均应检查其点位误差,在 Cyclone 软件中使用 Error Vector参数来检查点云的配准精度,得到观音大佛配准中各个部分配准后的 Error Vector,如表 4.1 所示。

表 4.1　点云配准精度表

Constraint ID	ScanWorld1	ScanWorld2	Type	Error Vector
Cloud1	正面	左侧面	Cloud	0.020 m
Cloud2	正面	右侧面	Cloud	0.030 m
Cloud3	Cloud1	Cloud2	Cloud	0.024 m
Cloud4	Cloud3	背面	Cloud	Error
Cloud5	背面	Cloud3	Cloud	0.021 m

由表 4.1 可知,除 Cloud4 点云外,观音大佛的其他点云配准误差在 0.020~0.030 m之间,均没有超过 3 cm。而三维激光扫描仪扫描时的点云分辨率均超过了 3 cm,最大的点云分辨率达到了 4.5 cm,所以观音大佛的点云配准误差是符合精度要求的。

将 Cloud4 与 Cloud5 点云匹配的误差进行对比可知:虽然 Cloud4 与 Cloud5 均为背面与 Cloud3 的点云匹配,但点云的 Error Vector 相差很大,尤其 Cloud4 的匹配精度出现错误,说明该点云匹配是不成功的,而两者的差距只在于 ScanWorld1 与 ScanWorld2 的配准顺序不同,说明点云匹配时是以 ScanWorld1 的点云数据的坐标系统为匹配后点云的参考坐标系统。在观音大佛中,它的背面点云数据的坐标系统是由控制点的大地坐标决定的,是固定不变的,所以不能以 Cloud3 中点云的参考坐标系作为新点云的坐标系,而要以背面点云的坐标系统作为配准后的坐标系,否则点云的配准是不成功的。

配准后的观音大佛的正面和背面效果图如图 4.46 所示(彩图见附录)。

图 4.46　配准后的观音大佛

5)、点云数据统一

不同的测站距离观音大佛的距离不同,由于激光的特性,各测站所采用的分辨率不同,导致模型各个位置的数据采样分辨率不同、各个位置点云的密度不同。尽管点云配准后所有的点云数据均在统一的坐标系统下,但配准后的点云数据在拼接区域重叠度高,有大量的冗余数据,整个点云数据数据量大,不利于后续的建模处理,需要对点云数据进行统一化操作。

Cyclone 软件中对点云数据的统一化采用重采样的方式。将所有的点云数据都当作杂乱离散的点,按照一定的采样条件重新采样,可以把不同视角、不同密度的点都统一起来,统一化后的点云数量明显减少。

6)、数据的导出

将统一化后的点云从 Cyclone 软件中以 PTS 格式导出,并将导出的点云数据导入 3DReshaper 软件中进行下一步的数据处理。

4.2.2　点云数据的表面重建

1. 构建三角网格表面

由于观音大佛是一个整体的独立面域,表面曲率变化较大,用一个参数曲面无法重建,不太适合曲面拟合的方式,故决定采用构建三角网格的方式来模拟表面。使用 3DReshaper 软件建立三角网格时,既要使表面细节尽可能详细表现,又要使建筑保持曲面的凹凸度尽可能的小,不至于太过粗糙。

在实际构建网格表面的过程中,若顾全大佛本体与莲花台全部的细节,则如图 4.47 所示,大佛的表面凹凸不平,平滑度很差;若使大佛表面平滑度比较好,则如图 4.48 所示,大佛的底座莲花台会非常模糊,细节丢失严重。经过多次尝试,大佛本体和莲花台还是不能同步细节与平滑度的统一。本案例研究的主体是观音大佛,即观音大佛的底座对研究不会产生较大的影响,故决定舍弃大佛底座莲花台而只对大佛本体进行三角网格表面的构建。最终构建的三角网格表面如图 4.49 所示。

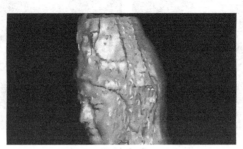

图 4.47　构建三角网格表面后的大佛头部

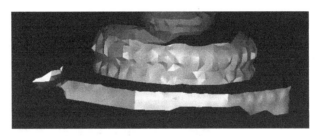

图 4.48　构建三角网格表面后的莲花台

图 4.49　观音大佛的初步表面模型

2. 优化与平滑表面

大佛表面虽然是基于整体自动构建的,但由于一些比较大的洞或曲率急剧突变的地方会导致大佛表面不是一个整体,表面凹凸不平,也可能有一些孔的产生,需要对大佛表面进行进一步的优化处理。主要的处理过程有:曲面的分割与合成、基于曲率孔的填充、特征线的提取、曲面边界的锐化、曲面的平滑等。

1)曲面的分割与合并

利用 3DReshaper 软件中分解复合网格的功能将大佛表面分解为多个独立部分表面,查看每个表面是否影响大佛表面,如果对大佛表面的建立没有任何影响,就删除比较细小的无用表面。一般来说,保留 5~6 个就可以了,最后利用合并共同边界的功能将这些表面统一为一个整体表面。

2)基于曲率孔的填充

虽然在点云阶段已经处理过孔与缝隙,但是经过曲面的构建及分割与合并后还会产生新的孔与漏洞,这是 3DReshaper 软件程序算法的局限性造成的。

通过测量的功能计算孔隙平均直径的大小,以孔隙的平均直径为保留最小孔隙的直径,通过自动填充孔的功能把小于平均直径的孔隙全部填充;对于比较大的孔隙,由于其曲率变化比较大即不适合用自动填充的方式,需要手动去选择合适的曲率填充。填充示意如图 4.50 所示。

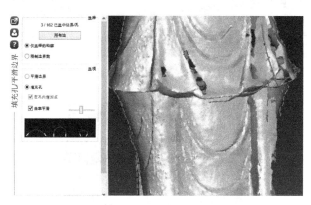

图 4.50　孔隙的填充

3)整体的平滑处理

经过孔隙的填充,大佛表面完整统一、没有漏洞,但是粗糙度比较大,原来许多曲率渐进变化的地方突变严重。故需要对大佛进行平滑处理。大佛的平滑处理分为整体与局部的平滑处理。

(1)整体平滑处理。使用基于完整点云的自动化平滑处理,以点云为标准进行整体平滑处理。

(2)局部平滑处理。使用多边形或自由轮廓手动对粗糙的地方进行局部的平滑处理。观音大佛表面模型平滑处理前后局部变化如图 4.51 所示。

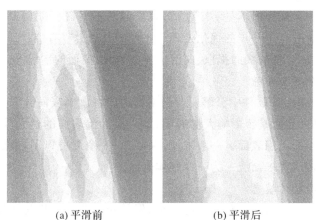

(a) 平滑前　　　　　　　　　(b) 平滑后

图 4.51　表面模型平滑前后的局部对比

4.2.3　锐化模型表面边界

经过平滑处理后的大佛表面模型整体上光滑圆润,但是一些边界与衣尾处的特征线失去了原有的尖锐线条,必须重新锐化这些特征线,从而锐化部分表面。

以观音大佛衣尾处为例、首先需要自动探测衣尾处的特征线,并手动去调整特征线使其具有一定的弧度,如图 4.52 所示;然后建立特征线的两条边界线以确定锐化的范围与宽度,如图 4.53 所示;最后以两条边界线的宽度为标准进行锐化,锐化后的衣尾如图 4.54 所示。

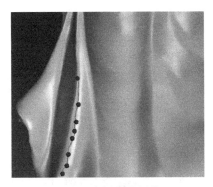

图 4.52　调整特征线

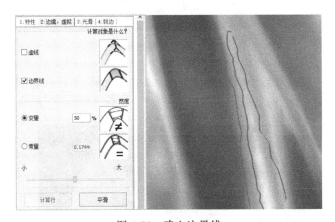

图 4.53　建立边界线

4.2.4　表面模型的纹理映射

建立好的大佛表面模型没有表面色彩与纹理信息,不能描述其色彩特征,只有将多方面的信息融合在一起才能重建真三维、真纹理的数字大佛模型。通过图像与几何模型整体配准的方式对大佛表面进行纹理与色彩的映射。使用

3DReshaper 软件的好处是可以使用多张不同视角的数码相片对大佛表面同时进行映射,每张相片上选取四到五个点,配准过程如图 4.55 所示。

图 4.54　表面的锐化效果

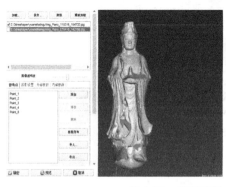

图 4.55　纹理映射

　　单张相片纹理映射后的表面模型如图 4.56(a)所示,多张相片同时纹理映射后的表面模型如图 4.56(b)所示。

(a) 单张相片　　　　　　　(b) 多张相片

图 4.56　单张与多张相片纹理映射后的效果

由图 4.56(a)与(b)相比较可知：单张相片由于拍摄的视角单一，只能对该视角的表面进行纹理映射，而其他地方会有很多与原有建筑不相匹配的纹理与颜色；而多张相片的纹理映射使表面模型与原有建筑具有几乎相同的纹理与颜色，只有少数的地方不相匹配，产生了纹理丢失现象。该部分可通过 PhotoShop 软件进行映射后的贴图修改，最后在 3ds Max 软件中加入光影效果，实现最佳的视觉效果，最终结果的表面模型如图 4.57 所示。

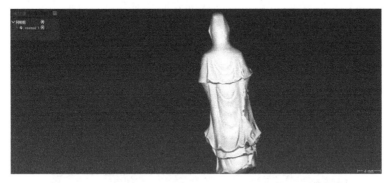

图 4.57　最终的表面模型

4.2.5　表面模型的数据分析

1. 对比检测

生成的表面模型与原有建筑的重合度可以通过对表面模型与原始点云数据组的对比检测来进行判断。图 4.58(彩图见附录)为在 3DReshaper 软件中大佛表面模型与点云数据组的对比检测。

图 4.58　表面模型与原有建筑的对比检测

　　图 4.58 中以颜色来描述表面模型与点云数据组的重合度,观音大佛表面模型整体上以绿色显示,即表示重合区域占到了 98.6%,说明观音大佛的表面模型整体上的完整度与重合度是很高的。只有净瓶附近与底部极少数的地方重合度较低。净瓶附近是由于其被大佛手掌挡住,三维激光扫描仪没有扫描到它的点云数据,漏洞过大导致在曲面重建与漏洞修补时只能根据手掌附近的曲面去拟合,失去了它的原有特征。底部表面模型是由于大佛底部是与莲花台相连的,在点云数据的扫描中不会扫描到底部数据,导致拟合的底部表面与原有点云数据几乎没有重合度。

　　2. 曲面平整度的分析

　　构建的表面模型需要通过平整度分析来检验它的平滑效果。图 4.59(彩图见附录)为在 3DReshaper 中大佛表面模型平整度分析的结果。

图 4.59　平整度的分析

　　图 4.59 中用颜色来表示曲面的平整程度。由图可知,大佛表面模型整体上以绿色为主,平整度较好的部分占到了 97.6%,说明大佛整体的平滑度很高。只有肩部与衣服底部的一些地方处于红色区域与蓝色区域,平整度较差,说明这些地方的曲面优化没有完善。对于衣服底部折痕的地方可能是因为曲面平滑后的锐化过度,曲率变化过大导致平整度太差。

　　3. 轮廓线的分析

　　在 3DReshaper 软件中绘制观音大佛模型沿 Z 轴的轮廓线如图 4.60 所示。

　　从构建的轮廓线可知,大佛表面模型中对称的地方,肩部、手部、脚部处均基本处于同一轮廓线。说明观音大佛的磨损度比较低,工作人员对观音大佛的重视度高,采取了较好的保护措施。

　　由于一般的古建筑文物均具有一定的对称美,可以利用轮廓线去分析古建筑对称的部分,从而推测古建筑被破坏程度和景区的保护程度。

　　4. 观音大佛倾斜度的分析

　　重心,是在重力场中,物体处于任何方位时,所有各组成支点的重力的合力都通过的点。规则而密度均匀的物体的重心就是它的质心。

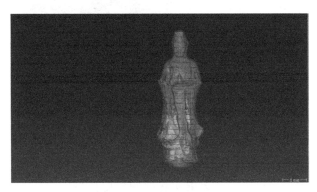

图 4.60　沿 Z 轴的轮廓线

　　假设观音大佛的密度分布均匀,又是一个规则且对称的建筑,可以用质心来代替观音大佛的重心。可以通过质心到观音大佛中心线的距离来判断观音大佛是否倾斜。

　　由表 4.2 的曲面参数可以获知曲面的质心坐标,通过其坐标创建质心点,再创建表面模型的中心线,如图 4.61 所示,实线线段代表中心线,白色点代表质心点。使用鼠标测量质心点到中心线的距离,如图 4.62 所示。

表 4.2　观音大佛表面模型参数

曲面体积	723.118 652 m³
曲面质心	(19 558 349.027 140,4 110 120.260 726,943.252 316)
尺寸	8.644 722 m×9.923 252 m×27.207 572 m
最低点	(19 558 348.380 885,4 110 120.920 516,932.137 465)
最高点	(19 558 350.654 811,4 110 119.705 468,959.345 037)

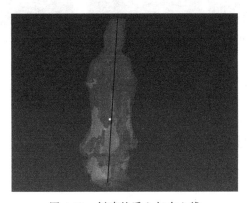

图 4.61　创建的质心与中心线

图 4.62　质心到中心线的距离

　　由图 4.62 可知观音大佛质心到其中心线的距离为 0.22 m,可计算出观音大佛的倾斜度为 2°40′37″。说明观音大佛文物的倾斜度比较大,可能是由于该景区所处的位置有大量的煤矿企业,地下资源开采过度,使得地表形态产生了变化导致观音大佛有了一定的倾斜。经调查发现,前些年文物保护工作人员为了保护观音大佛,预防它的坍塌隐患,在其莲花底座下面埋置了斜拉钢筋增强其稳固性。

　　5. 生成轮廓线划图、剖面图

　　从 3DReshaper 软件中可以生成观音大佛模型的轮廓线划图和剖面图等,如图 4.63 和图 4.64 所示。生成的轮廓线划图可以在 AutoCAD 软件中更改建筑中不合要求的多义线,更好地完善轮廓线划图。这些线划图与剖面图可以作为古建筑的数字化保存成果,可以供古建筑的研究使用。也可以多次扫描观音大佛,对各个时期的剖面图进行比较,分析观音大佛的变化情况。

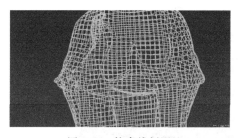

图 4.63　轮廓线划图　　　　　　　图 4.64　剖面图

§4.3　北魏陶牛车三维激光扫描及建模

4.3.1　点云数据的采集及预处理

1. 点云数据的采集

1)扫描仪器设备

本次扫描采用法如公司的 Focus3D X330 仪器,标靶采用配套的反射贴片,属于地面型三维激光扫描系统。该扫描仪无论白天还是黑夜,只要处于非冷凝大气状态,在 0～40℃ 均可正常工作。Focus3D X330 是目前国际上中距离扫描仪里,技术最先进、性价比最高的大空间扫描仪。它将扫描范围扩展至全新的尺寸,能够在阳光直射下扫描最远距离为 330 m 的物体。凭借更高的精度和更大的范围,法如 Focus3D X330 大大减轻了测量和后处理的工作量。

2)扫描实施过程

根据测量项目所在位置,首先进行现场勘查。另外根据测量项目有无控制测量的要求,在现场要详细勘查各地物之间的空间分布情况。如有控制测量的要求,还需进行现场选点。根据地物空间分布情况及工程需要的扫描精度来确定站点位置及个数,同时结合设站位置的激光是否容易被干扰等外部因素来设置站点位置及个数。

在扫描之前要对工程现场进行实地考察,根据考察的结果来制定扫描方案,其中主要进行的工作有:扫描测量的要求、技术步骤分析、现场扫描设计等。尤其对扫描测量的整体工作流程、组织情况、人员配备等需要制订全面详细的计划。

外业工作主要有:根据现场考察后的结果来制订扫描方案;按点云数据匹配时若需要标靶,可根据点云数据匹配算法设置若干个标靶;根据扫描仪与地物的相对位置关系,提前设置扫描的精度及范围参数;依次进行每一站的扫描,要对目标物进行拍照以保存其纹理信息,直到扫描完全。然后现场分析和检验采集到的数据是否满足项目的要求。如果数据质量不符合建模要求,还要进行补测工作。此次扫描对象为陶牛车雕塑模型,扫描对象及其点云数据如图 4.65 和图 4.66 所示。

图 4.65　陶牛车原貌

2.点云数据预处理方法

利用扫描仪对目标物进行扫描后可以得到数量庞大的、构成其表面轮廓的点的集合,称作点云。

图 4.66　文物点云数据

　　扫描后的点云数量非常多,所以在大量的点云当中会有错误点和噪声点,而且可能存在由于遮挡造成的点云缺失的部位。在得到点云数据之后,需要对其进行预处理,以便其能达到建模的精度。点云数据预处理包括点云拼接、点云去噪、采样、封装等步骤。

　　点云预处理阶段的工作有:手动删除杂点,如一些很明显的离开目标表面的孤立点;着色点,可以赋予点云颜色;断开组件连接,可删除非连接的点云;联合点对象,该命令主要用于将分散采集到的点云组成为一个点云;体外孤点,该命令表示选择超出指定移动限制的点,一般使用三次及以上达到最佳效果;减少噪声;统一采样,用于在保留模型原貌不变的情况下减少点云数量,以删除多余的点数据,同时方便计算机运行;封装。

图 4.67　点云数据着色后效果

1)点云拼接

　　点云拼接又叫点云配准,可以识别在不同站点得到的点云重叠部分。它可以将不同坐标系下的点云数据整合为一个整体,以重现目标物的表面轮廓。不同的三维激光扫描仪系统有不同的自带软件,也就是说各有不同的点云拼接方法。有的在扫描过程中在某个测站点设置一个公共点,把相邻站点的点云数据通过该点来进行拼接;有的利用软件里的特殊算法,通过重叠点云将点云拼接起来。

2）点云去噪

点云拼接之后需要对点云进行稀释，以便于对其进行处理，这就需要进行统一采样，而且由于某些杂点经过这些步骤并不能去除，就需要手动去除杂点，如图 4.68 所示为需要手动去除的部分。经过预处理后的点云数量由169 109个减少到了 72 516 个。去噪后的点云如图 4.69 所示。

图 4.68　需要手动去除的部分杂点（位置见图中矩形）

图 4.69　点云去噪后的效果

3）点云封装

经过一系列的处理之后，点云的质量会大幅提高，可以被用来进行后续的建模操作。为了建模，需要对点云进行封装。点云数据封装其实就是对点云数据进行网格化操作，将其从点对象转变为多边形对象。

一般是通过曲面封装和体积封装两种方法对点云数据进行封装。曲面封装是一种扩散过程，它从局部出发，在对局部进行了三角网格化后，以相同的方法逐渐扩散至整个模型；而体积封装是通过距离场的梯度流，按空间任意点的距离值和向量场梯度实现点云数据格网化的过程。基于曲面封装的方法在数据不完整的地方容易产生孔洞，而且这种方法封装后构建的三角形面片数量较少；按体积封装的方法进行封装后，模型的整体性比较好，但三角形的数量较多，影响运行速度（张维强，2014）。本案例选择的是基于曲面进行封装。

点云封装后由于有些地方点云数据缺失，会形成孔洞，系统会用绿色的线将其圈出，如图 4.70 所示（彩图见附录），以方便后续对缺失部分的填补。

图 4.70　封装后点云数据的效果

4.3.2　北魏陶牛车三维模型

1. 三维模型构建

1）多边形阶段处理

多边形阶段的操作主要是对封装后三角面进行处理,如多余三角面的删除、孔洞修补、模型曲面的平滑等。其中简化与点处理阶段的采样一样,主要是要用来降低数据量。多边形阶段处理非常重要,因为只有多边形阶段处理后的模型结果质量较好,才能进入曲面建模阶段。

（1）多边形孔洞修补。

封装后的点云数据存在着很多孔洞,可能由两个因素导致:第一种是指在采集数据时,某些部位被遮挡,或者由于目标物本身材质对激光的吸收率偏大,也会导致部分点云数据的缺失,在封装后形成孔洞;第二种是指由于前面进行点云预处理时,由于参数设置不当或是操作失误,导致某些部位的点云数据被错误删除,也会导致孔洞的形成。

所谓多边形孔洞修补,就是利用周边领域的完整三维数据插值出缺损部位的点云数据,并建立数据间的相应拓扑关系。在 Geomagic Studio 软件中的处理过程为:单击【多边形|填充单个孔】,需要填充的地方如图 4.71 所示,填充时单击边界,系统会自动进行修补。但系统有时会将不需要填补地方也标出,如本案例中牛车的窗户,需要自行避开。而且本案例中由于牛车内部存在很多不需要的点云形成的三角面,也需要手动进行删除,否则会影响曲面建模阶段的操作。车顶孔洞修复后的结果如图 4.72 所示。

如图 4.73 所示,是牛车内部封装后形成的三角面,但是在本案例的实验中并不需要这些三角面,所以需要将其全部去除,否则在后续的曲面建模阶段会出现问题,如轮廓线提取会有错位等,影响曲面片的构建。

（2）特征去除。

三角面局部可能会存在凹陷、尖角、压痕或粗糙的部分,用特征去除命令可以处理这些问题,使模型变得更加平滑,同时也可以降低三角面的数量。该过程需要通过去除特征、砂纸、松弛命令来完成。其中松弛针对整个模型,而砂纸用于局部优化。

图 4.71　车顶封装后有孔洞的效果

图 4.72　车顶孔洞修复后的效果

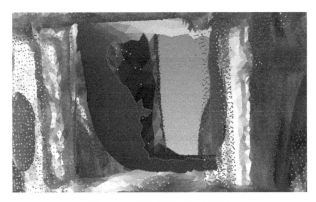

图 4.73　需要删除的三角面

(3)问题网格处理。

单击【网格医生】,软件会自动选中有问题的网格面,并以不同的颜色区分出来,如图 4.74 所示。

图 4.74　标出有问题网格面的效果

(4)投影边界到平面。

单击【移动】,选择将边界投影到平面,之后单击【确定】。

(5)简化。

通常,扫描得到的点云数量十分庞大。因此,点云封装后的三角面数量也与之对应,这样会降低计算机的运行速度,所以需要进行三角面的简化。多三角面进行简化是由系统直接删除这些对模型整体效果影响不大的,或者由于测量时扫描到多余点云而生成的三角面,以降低其数量。三角网格简化的方法通常分为静态简化法和动态简化法。静态简化是按照一定的简化原则把复杂的模型简化成简单的模型,该方法只考虑模型本身的信息;而动态简化是指一些简单的几何变换,生成连续的、具有不同分辨率的相似模型,该方法是静态简化的延伸发展。简化的原则是:在尽量保持模型整体轮廓和精度的前提下达到最少三角形的个数。通过简化后,本案例中的文物点云数据的三角形个数由 206 929 个减少到了 109 612 个,如图 4.75 所示。

图 4.75　简化后的效果

(6)减少噪声。

单击【减少噪声】,该命令在点阶段时已经使用过,在多边形阶段同样有效。

(7)增强表面啮合。

单击【增强表面啮合】,该命令用来使模型整体变得更加平滑。图 4.76 为多边形阶段处理结果。

图 4.76　多边形阶段处理后的效果

2）基于探测曲率构造曲面

曲面阶段的工作主要是对经过多边形阶段处理后的模型进行一系列的操作，得到最终的理想模型，一般通过插值和近似两种方法。插值算法是指根据已知数据点，按照一定的原则或函数插值出其他未知的数据点，并构造出相应的曲面的方法。它要求构造后的曲面必须经过所有已知数据点，而近似法只需要逼近原始数据即可。利用三维激光扫描仪采集后的离散点云数据，数据量很大，且含有噪声数据，因此通常采用近似的方法进行曲面构建。

本案例用 Geomagic Studio 软件对前面处理好的数据自动拟合曲面，主要的工作包括：首先构造模型的轮廓线，并形成封闭区域；然后再对形成的封闭区域构造四边曲面片；接着在这些曲面片上再进行栅格构造，用来捕捉模型的细节；最后计算出 NURBS 曲面，并将所有曲面进行拟合。具体操作过程如下：

（1）精确曲面。单击【精确曲面】后进入曲面建模。

（2）探测曲率。单击【探测曲率|自动评估】，将曲率级别调整为 0.3，如图 4.77 所示。

图 4.77　探测曲率后的效果

（3）升级/约束轮廓线。单击【升级/约束轮廓线】，用来修改曲面片线和轮廓线。

（4）构造曲面片。单击【构造曲面片|自动估计】，构造后共有 1 234 个曲面片。

（5）修理曲面片。单击【修理曲面片】后单击轮廓线上的绿色顶点，将其拖动到正确位置进行修改。

（6）松弛轮廓线。单击【松弛轮廓线】，系统将自动松弛全部轮廓线。

（7）松弛曲面片。单击【松弛曲面片】，系统将自动松弛高曲率和褶皱较多曲面片。

（8）构造格栅。单击【构造栅格】，由图 4.78 可以看出每个曲面片被分成了 20×20 的网格。

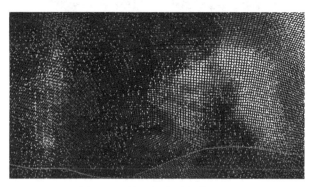

图 4.78　构造栅格后的曲面片

（9）拟合曲面。单击【拟合曲面】，控制点个数为 12 个，即每个曲面片有 12 个控制点，表面张力用系统默认值，如图 4.79 所示。

图 4.79　拟合曲面后的效果

3）几何模型纹理映射

纹理是指物体表面的色彩、图案等信息。当模型以网格表示时，纹理就是对应于每个网格顶点的颜色的集合。纹理映射，又称纹理贴图，是将目标物现实中的颜色、花纹等添加到三维模型上去。简单来说，就是将目标物的真实色彩等添加到三维物体的表面上，以便其与实物相似。

进行纹理映射时要有模型的彩色照片，所以在对文物进行现场扫描时，也要对其进行拍照，搜集其纹理信息。照片需要各个角度并保持其原来的颜色，尽量拍摄足够多的模型图像，以便在进行纹理映射时择取比较好的图像进行贴图。

由于采集到的图像中有文物的纹理信息，也有可能包含背景物体的纹理信息。由于受阳光折射程度的不同，从不同视角采集到的同一部位的图像信息也不一样。每次采集到的纹理数据只是文物的一个侧面，需要对其进行筛选之后再进行纹理映射。纹理映射可以将实际物体逼真地呈现为三维模型,便于建立其三维数据库,方便对文物进行修复。由于所用的 Geomagic Studio 软件不能做纹理贴图,所以转到 3DReshaper 软件中进行,如图 4.80 所示。

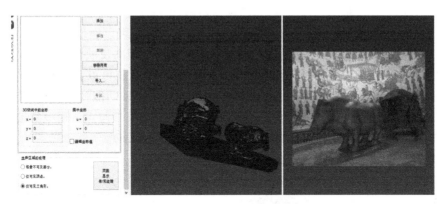

图 4.80　在软件中进行纹理贴图

由于拍照的时段和角度的不同,导致照片的明暗效果不同。在纹理映射时,模型的不同部位可能出现跳跃性亮度差异变化,如图 4.81 所示。

图 4.81　进行纹理贴图后的效果

2.三维重建模型的质量评价

1)精度评定

通常逆向工程是指根据获取的原始点云数据进行建模,得到最终的三维模型,并可以将最终的结果保存为多种格式,便于后期利用。例如,本案例在 Geomagic Studio 软件里进行点云数据处理和建模,并在 3DReshaper 软件进行纹理映射。工业上该技术主要是用来对产品进行复制,随着该项技术的不断成熟,其应用领域也不断扩大,如本书中的文物建模和存储,以及将来的文物修复。

精度可以反映模型和实物差距的大小,但是目前的条件下,从仪器结构对数据进行分析比较困难,所以只能通过重建后的模型与目标的实际大小等方面的偏差来衡量精度。该评价也是整体对比的评价,它通过具体的比较得出较为具体的数量关系,也可以当成是一种量化的评价。

本案例的原型是陶牛车塑像,是不规则物体,所以对于这种目标物只能采用局部评价指标,也可以包含量化和非量化指标。评价的方法可以通过采用最小距离、最大距离、平均距离等限制关系来描述局部指标进行。距离反映的是在建模时拟合曲面产生的误差,是指采样点到重构曲线段的距离,系统可以自动计算出最大值、最小值及平均距离。Geomagic Studio 的偏差分析比较功能,能生成一个显示两个模型之间误差的彩色三维模型,如图 4.82 是多边形模型与点云模型的偏差比较,图 4.83 是曲面模型与点云模型的偏差比较(彩图见附录)。

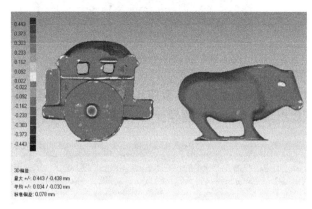

图 4.82　多边形模型与点云模型偏差

图 4.83　曲面模型与点云模型偏差

由图 4.82 和图 4.83 中可以看出,建模后的结果与原始的点云数据的偏差较小,处于偏差最小的部分几乎占整体的 85%,而且在由多边形建模阶段过渡到曲面阶段建模后的偏差变化并不显著,说明建模过程中产生的误差对建模结果几乎没有影响。

2)模型重建的误差来源及对策

模型重建的误差来源主要有两个部分:第一种是在测量时的不精致使得到的点云存在误差,第二种是在建模过程中产生的误差。第一种误差主要包括仪器本身的系统误差、与被扫描物体的表面物理属性相关的误差,以及外界环境的影响。第二种误差有点云数据预处理造成的误差、多边形和曲面重建阶段产生的误差。在三维建模的曲面阶段总是会产生各种计算和操作的误差,Geomagic Studio 软件里的偏差分析功能可以比较两个模型之间的误差和精度,从而有针对性地进行调整。本案例中点云的误差主要来源于第一种,原始点云数据有很多缺失,而且点云内部有很多无用的数据,导致了建模效果不理想。

误差不能完全的消除,所以只能想办法减小,而且从点云数据的测量到模型重建的完成,误差会存在于各个步骤。可在了解误差的来源后,将各项误差尽可能地减小到允许的范围内,从而达到满足建模的精度;可通过选择精度较高的扫描设备;操作的过程中尽量减少人为因素,如操作人员的视觉误差、操作误差、标靶的放置等影响;提高点云计算的精度,尽量减少数据的转换;根据实际情况选择合适的封装及拟合方法;操作过程中及时对模型进行分析和修改,从而减小处理过程中的误差,以便提高效率和精度。在逆向工程中,控制误差大小的原则是满足模型的几何特征、材料性能和装配要求。

3. 创建 3D PDF

Geomagic Studio 软件在进行建模之后,可以将得到的结果保存为 PDF 格式,利用 Adobe Reader 软件可以将模型在 PDF 中进行三维显示,如图 4.84 至图 4.86 所示。

图 4.84　模型三维显示的正视图

图 4.85　模型三维显示的俯视图

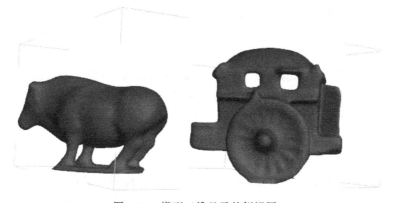

图 4.86　模型三维显示的侧视图

第 5 章　三维激光扫描技术在变形监测领域的应用

本章分别针对开采扰动的黄土滑坡、裂缝、台阶,高压线塔变形,隧道变形等工程实例,采用徕卡 MS50 三维激光扫描仪进行变形监测,并对变形监测结果进行了分析;针对二维相似材料模型实验的岩层移动进行变形监测;针对化工厂的高耸建筑物进行了倾斜观测。

§5.1　开采扰动地面灾害监测

煤矿开采造成了地表黄土滑坡、裂缝、台阶等地面灾害,为了获取此类开采扰动(简称为采动)地面灾害的详细三维空间特征,原有的拍照、量尺寸等方法已经无法满足监测需求,因此,采用三维激光扫描仪进行地面灾害细部特征的采集具有较大的优势。

5.1.1　测区地形

测量区域位于孝义市某矿区工作面上方,地形起伏较大,最低点与最高点高差达到 150 m,边坡多分布在农田及道路边缘,测区黄土层覆盖较厚,极易受到采动影响。通过分析采动过程中不同地面灾害类型的扫描数据,对其点云数据进行处理并建立模型,从而进行空间分析,获取相应的几何尺寸,以达到监测地形和地面灾害的目的。数据采集采用徕卡 MS50 三维激光扫描仪。图 5.1(a)为采动滑坡,对其进行了前后两期的扫描,最后分别处理对比分析;图 5.1(b)和图 5.1(c)为不同尺度的采动地表裂缝。

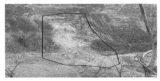
(a) 某滑坡地形

(b) 小型台阶裂缝

(c) 大型台阶裂缝

图 5.1　采煤沉陷地面灾害

5.1.2　点云处理

点云采用 Cyclone 和 3DReshaper 软件进行处理,主要包括:点云的清理与分离,点云的过滤与缩减,网格的填孔、优化等。采集完成的原始点云数据导入3DReshaper 初步显示效果如图 5.2 所示。

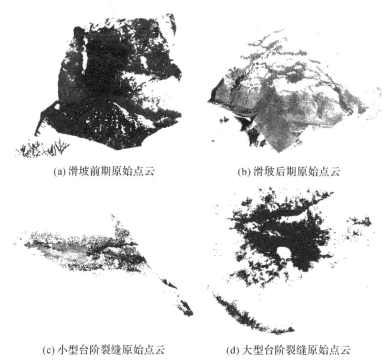

(a) 滑坡前期原始点云　　　　　(b) 滑坡后期原始点云

(c) 小型台阶裂缝原始点云　　　　(d) 大型台阶裂缝原始点云

图 5.2　滑坡、裂缝、台阶真彩色点云

1. 点云的清理与分离

　　由于地形较为复杂,在进行扫描采集数据时,地形表面存在树木、杂草及房屋等无关物体,采集得到的原始点云数据中含有与地形无关的、远离主体研究对象的点云,需要在软件中自动或人工删除。若地形结构复杂,需对点云进行分离处理,一般将点云分成多个部分单独进行不同的处理。以小型台阶裂缝的点云数据为例,清理处理后的效果如图 5.3 所示。

(a) 处理前　　　　　　　　(b) 处理后

图 5.3　小型台阶裂缝去噪处理效果

2. 点云的过滤与缩减

手动清理后的点云,仍含有大量的由于环境或者天气甚至机器本身的影响造成的不可见的噪声点;或者本身不是噪声点,但是由于点云过于密集、数据量过于庞大,存在大量冗余,从而影响计算机的处理效率和速度,浪费时间,降低了后续的建模精度与可靠性,需要进一步去噪平滑。在 3DReshaper 中,可以选择去噪处理,然后缩减点云。为了达到缩小数据量而又保持建模精度的目的,设定保留百分比设置为 50%。缩减之前点数为 58 714 个,缩减之后为 29 357 个,图 5.4 为缩减后的小型台阶裂缝点云效果。

图 5.4　小型台阶裂缝缩减处理效果

5.1.3　三维模型

1. TIN 网格

点云经过上述处理后,已具备建立网格的条件,在 3DReshaper 中可生成二维或三维的 TIN 表面模型。生成 TIN 表面后,存在较多不合理的三角形,跟地形不相符,需要对其进行优化。结合点云数据,在需要的地方插入新点,建立的 TIN 表面模型如图 5.5 所示。

图 5.5　滑坡前期网格示意

2. 孔填充

在实际扫描过程中,由于地形、天气环境及仪器本身等原因常常造成地面的某些部分扫描不到,造成点云缺失,存在较多孔。不仅无法完整地反映实际的地形,而且影响建模的准确性,对后续的模型分析产生影响。在轮廓线分析中,由于孔的存在导致轮廓线显示错误,影响结果;在截面分析中,会使截面不完整或存在断裂,对坡度分析也会产生一定的影响。因此需要将孔填充完整。孔的填充有多种方法,可以实地补测,也可以根据地形内插点云,本案例利用 3DReshaper 软件填充孔法对其进行内插填孔。

1)小孔填充

在 3DReshaper 中采用自动填孔的方法对小孔进行填充,如图 5.6 所示。软件根据孔周围的地形及曲率结合点云的密度对孔进行批量的填充,该方法精度很高,可以与实地相符,最大化地显示出实际地形。对小孔填充之后效果如图 5.7 所示。

图 5.6　TIN 模型中小孔示意

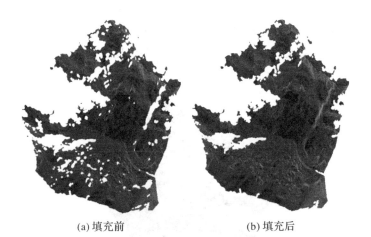

(a)填充前　　　　　　　　　(b)填充后

图 5.7　较小网格孔填充对比

2)大孔填充

大孔需要进行单个填充。首先进行桥接,将其变成较小的孔;然后像填充小孔的方式一样进行填充。桥接时,首先单击大孔的一边选定一端,然后单击选定另一端,生成一个桥,如图 5.8 所示。

图 5.8　桥接示意

由于孔较大,若直接填充会造成较大误差,与实地地形不符,因此需要尽可能多细分孔,保证与实际的地形相符,如图 5.9 所示为 TIN 模型中大孔填充前后对比。

(a) 填充前　　　　　　　　　　(b) 填充后

图 5.9　较大网格孔填充对比

3. 三维模型

对处理完成的 TIN 网格模型,经过优化、修补和平滑之后就得到了基于三维网格的光滑表面三维模型。各个地面灾害模型如图 5.10 所示。

5.1.4　空间分析

煤矿开采沉陷造成的地面灾害有裂缝、滑坡等,对其扫描监测的首要目的就是得到可视化的模型,分析其空间特征,包括尺寸信息、坡度信息等。本节利用 3DReshaper 软件结合 AutoCAD 对模型进行处理,分析其空间特征。通过此类几何信息,监控和预测变形信息,控制和预防地面灾害,为工程、规划提供科学的支持和有力的保障。

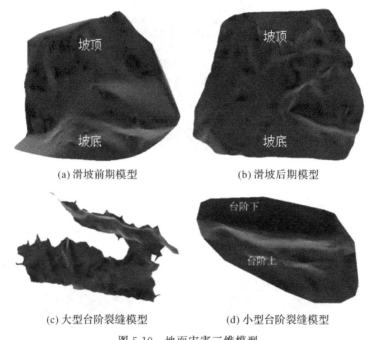

(a) 滑坡前期模型　　　　　　　　(b) 滑坡后期模型

(c) 大型台阶裂缝模型　　　　　　(d) 小型台阶裂缝模型

图 5.10　地面灾害三维模型

1. 小型台阶裂缝

裂缝在扫描时由于边缘没有标记和控制点,因此不能通过点云数据或者三维模型获得其宽度、长度等尺寸信息,而且由于裂缝底部的不规则性,各点深度不一致,不便于获得单一深度信息。因此生成等高线图对其分析,可以得到裂缝的主要尺寸信息。

1)等高线

根据小型台阶裂缝模型,在 3DReshaper 中设置对应的参数,生成裂缝(模型)的等高线。为了更好地分析,将其以二维预览的方式导出 DXF 文件到 AutoCAD 中,并在 AutoCAD 中加入高程注记以及背景的网格坐标,效果如图 5.11 所示。

分析图 5.11,可以发现:

(1)右上部分等高线比较密集,而左下部分比较稀疏,说明此裂缝右上部比较陡,而左下部比较缓,与实际的地形相符。

(2)由等高线可知,最深处高程近似为 933.4 m,最高处高程约为 934.8 m,深度最大处为 1.4 m。

(3)分析网格坐标可直观发现,裂缝的长度和宽度随高程变化而不同。最低处裂缝长约为 7 m,宽为 1 m;在中部 933.8 m 处,长为 10.5 m,宽为 2 m。

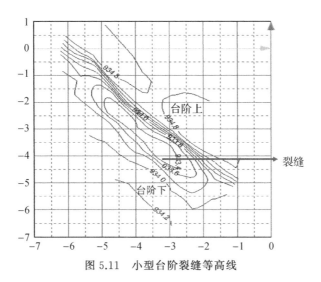

图 5.11　小型台阶裂缝等高线

2)填充量

此裂缝存在深度,并且扫描获取了底部点云,在某些工程中,需要对其进行填充,可通过 3DReshaper 软件,方便计算填充量的大小,如图 5.12 所示。

填充高度: 934.5 m
填充体积: 7.701 m³

图 5.12　填充量计算

根据等高线图的高程,最大为 934.8 m,设定合理的填充水平面为 934.5 m,通过计算可得近似的填充体积为 7.701 m³。

2. 大型台阶裂缝

大型台阶裂缝相较于小型台阶裂缝,其地形比较复杂,裂缝较大且不具备可见的深度。扫描得到地形表面的部分数据,主要分析其裂缝的宽度。在模型上选定剖面的方向,然后设定剖面具体位置;沿着裂缝的方向做一条多义线,然后设定剖面与多义线垂直;为了均匀地显示裂缝的一般宽度,设定等距的剖面,距离为5 m。如图 5.13 所示。

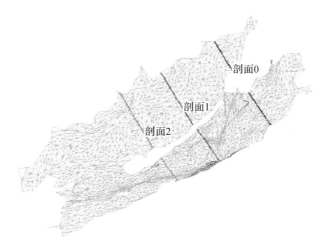

图 5.13　大型台阶裂缝剖面位置

得到三组等距的剖面之后,将其导出 DXF 格式,以二维的方式在 AutoCAD 中进行分析,如图 5.14 所示。裂缝的宽度和高度变化较大,最宽处(剖面 0)约为 3.07 m,而窄的地方(剖面 1)只有 1.31 m,台阶的高度也不一样。

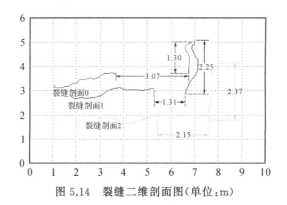

图 5.14　裂缝二维剖面图(单位:m)

3.滑坡

对开采扰动坡体进行了两个时期的三维激光扫描,扫描区域基本重合。通过对其坡度、等高线和剖面等空间特征进行分析,对比两起滑坡的不同之处,分析滑坡坡体的稳定性。

1)坡度

坡度(slope)是地表单元陡缓的程度,即坡面的垂直高度和水平距的比。根据坡度的不同对滑坡进行不同颜色的渲染,得到能直观表达地形坡度的坡度色彩图,如图 5.15 所示(彩图见附录)。

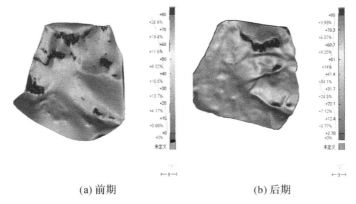

(a) 前期　　　　　　　　　　　(b) 后期

图 5.15　滑坡坡度渲染

在图 5.15 坡度色彩图中,颜色越深代表着坡度越大,经过分析发现:

(1)前期滑坡坡度图的上部地形多处颜色较深,说明坡度较大,存在较大的坍塌趋势。

(2)对比(a)(b)两图可以发现:前期滑坡坡度最高约为 80°,且整个滑坡存在多处颜色较深;而后期滑坡坡度最高约为 70°,小范围地形颜色较深,说明在两次扫描间隔内,坡体经过了较大程度的坍塌,整个地形开始趋于稳定。

2)等高线

地形测量是对地球表面的地物、地貌在水平面上的投影位置和高程进行测定,并按一定比例缩小,用符号和注记绘制成图的工作。等高线作为地形图的一部分,能够清晰直观地显示丰富的地形信息。在 3DReshaper 中,分别生成前期和后期的等高线,如图 5.16 所示,前期等高线较后期的密集,表明了坡体逐步趋于稳定。

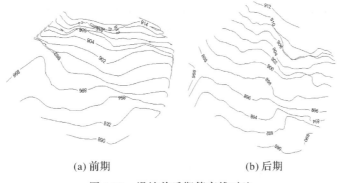

(a) 前期　　　　　　　　　　　(b) 后期

图 5.16　滑坡前后期等高线对比

3）剖面

通过坡度及等高线的分析,只能得到滑坡的坍塌趋势,不能确定坍塌的具体情况,可通过对纵剖面的分析得到前后期的具体变化。由于前后两期扫描区域坐标系统一致,将两期数据根据实际坐标叠放,作纵剖面,对比同一位置前后两期滑坡的纵向剖面,如图 5.17 所示。以两剖面的交点处为界,坡顶区域滑坡后高程降低,坡底区域滑坡后由于顶部黄土的覆盖,高程具有一定程度的上升。

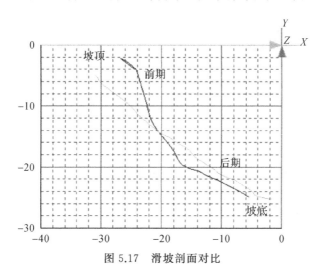

图 5.17　滑坡剖面对比

§5.2　开采扰动高压线塔监测

白壁关 35 kV 高压线 16 号铁塔位于某工作面正上方,为了监测采动过程中铁塔的移动变形情况,防止铁塔发生严重倾斜或倒塌,分别于 2015 年 11 月 11 日和 12 月 5 日、2016 年 3 月 11 日和 4 月 8 日对铁塔进行了 4 次三维激光扫描,如图 5.18 所示(彩图见附录)。为了达到亚厘米级的监测精度,分别在铁塔南部与西北部距离约 90 m 处布设扫描控制点,其坐标通过导线控制点联测解算,精度为毫米级。三维激光扫描垂直分辨率为 1 cm,水平分辨率为 1 cm。

分析图 5.18(b) 4 期点云数据,2015 年 12 月 5 日工作面推进至 268 m 时,位于铁塔的正下方,三维激光扫描发现塔体已经发生了倾斜,并造成了如图 5.19 的塔体扭曲变形。期间矿方对塔体进行了维修,在 2016 年 3 月 11 日工作面推进至 518 m 时,超过铁塔 243 m,此时铁塔发生了约 6.5 m 的沉降,并存在一定程度的水平位移,由于维修加固,铁塔基本保持垂直。2016 年 4 月 8 日工作面推进至 578 m 时,超过工作面 303 m,监测发现后两期的铁塔点云位移变化较小,说明此时铁塔已经基本稳定。图 5.19 为高压线塔局部的扭曲扫描。

　(a) 扫描现场　　　　　　(b) 四期点云数据　　　　(c) 第一期与第四期点云对比

图 5.18　高压线 16 号铁塔三维激光扫描

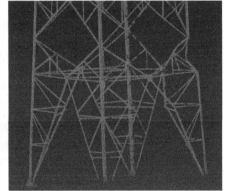

图 5.19　高压线 16 号塔体扭曲变形

　　对比塔体第一期与第四期的扫描点云数据,如图 5.18(c)所示。经过点云去噪,并进行特征点匹配后,可测得塔体上部的沉降为 6.74 m,水平移动 4.16 m,如图 5.20 所示;同理,可测得下部的沉降为 6.54 m,水平移动 3.22 m,如图 5.21 所示。随着工作面的推进,图 5.22 显示了高压线塔的倾斜随工作面推进的变化。

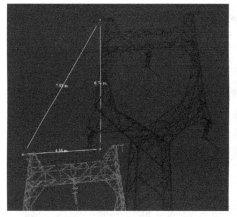 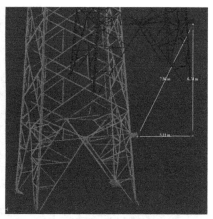

图 5.20 高压线 16 号铁塔上部位移量　　图 5.21 高压线 16 号塔下部位移量

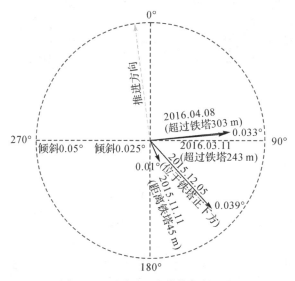

图 5.22 开采过程中塔体倾斜变化

§5.3 开采扰动隧道变形监测

　　监测铁路隧道位于晋中市昔阳县某一煤矿,属于矿区运煤专线铁路,所在区域地形多为丘陵,地表被黄土覆盖,为了评估某工作面进行充填开采实验对铁路隧道的减沉效果,采用全站扫描仪进行隧道内部的点云采集,并通过提取特征线、特征点进行变形测量分析。

5.3.1　变形监测方案的设计

监测隧道周围布设两个控制点,位于采煤影响范围之外,点 A 位于隧道顶部,点 B 位于隧道外侧铁路边。隧道全长 2 000 m,监测区段为洞口 200 m 左右潜在影响区域。由于火车在运行中产生的气流会造成隧道内的架设棱镜不稳定,因此在隧道壁布设两个固定迷你棱镜 D、E,免于气流的影响,扫描监测时通过自由设站后方交会确定站点坐标。

利用已知点 A 和 B 进行后方交会得出点 C 的坐标,并测得隧道壁的点 D 和 E 坐标。隧道内测量时,可通过自由设站,利用点 D 和 E 后方交会确定站点坐标。图 5.23 为控制点 A、B 和工作基点 C、D、E 的位置示意。

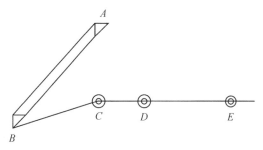

图 5.23　设计方案

隧道点云数据的获取使用徕卡 MS50 三维激光扫描仪,点云采集的水平间距、垂直间距为 1 cm。点云处理采用 3DReshaper,根据隧道的点云数据建立的三维模型,提取出隧道顶部的一条特征线,获取特征线上等间隔点的高程,以便进行隧道变形分析。

隧道特征线比较多,要保证实验的准确性,确定每期数据的隧道特征线都在同一位置提取,基本的思路可以分为以下几步:

(1)点云数据的简单处理。在获取点云数据时,由于观测环境、仪器和测量对象的影响,获取的点云数据会存在噪声,利用软件将此类不相关的点云数据剔除,其中包括隧道口及隧道中悬浮的点云。

(2)三维模型的建立。去除噪声后的点云可应用 3DMesh 进行模型建立,通过调整网格尺寸的大小,进行网格优化,建立与隧道点云最为贴近的隧道模型。

(3)隧道中轴线提取。当隧道模型建立之后,在 3DReshaper 中提取出模型的中轴线,并将其拟合为一条直线。

(4)特征线提取。为了提取隧道顶部特征线,需要应用中轴线建立一垂直截面,将拟合后的中轴线垂直向上平移一定的距离,向下平移一定的距离,并在平移后的上部直线创建 1 个点,下部直线创建 2 个点。用创建的 3 个点作隧道截面与隧道三维模型的交线,顶部的交线即为隧道顶部特征线。

(5)数据导出。将特征线导出,保存为特定的格式(＊.asc)。导出的数据为特征线上所有点的三维坐标。同理获取后面五期隧道点云数据的特征线,并提取特征线的三维坐标。

(6)定距特征点数据。为确定不同时期的定距特征点,选取某一特征线的最外点作为各期定距数据提取的起点。①坐标反算,在坐标反算前对坐标数据进行排序,利用坐标反算计算出每个点与起始点之间的距离,并按距离由小到大进行排序;②内插,为了保证每期数据都是对相同位置的点进行数据分析,通过内插实现到起始点整距离时的点的三维坐标;③数据对比,利用相同的方法将其余五期数据进行坐标反算和内插,对比六期数据,选择公共部分作为变形分析的数据。由于提取的1 m间隔定距数据较为密集,在实际处理过程中需要将其疏减为每 5 m 一个点。

变形分析的数据确定之后,利用传统的变形监测数据处理方法对数据进行处理,从而获得隧道的形变信息。

5.3.2　点云处理及特征线变形分析

1. 点云去噪及特征线提取

点云在 3DReshaper 中处理,主要是提取出隧道的特征线和确定起始点的位置。

1)导入点云数据

打开 3DReshaper,选择【导入|导入云】,单击【添加】,单击要选的点云数据,再单击【确定】,将点云数据在 3DReshaper 中打开。图 5.24 为导入点云数据,图 5.25 为隧道的点云数据。

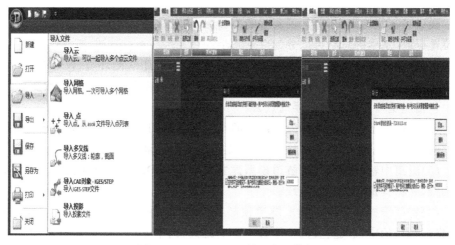

图 5.24　3DReshaper 导入点云数据

2)点云预处理

单击点云数据,将点云数据选中,选择【云|清理/分离云】,单击清理需要分离的点云,选择内部点云,清除鼠标圈选的点云数据。将隧道两端不符合的点云数据清理,清除隧道内部不需要的点云数据,如图 5.25 所示为左右两端点云数据清理,图 5.26 为清理后的隧道点云数据与清理前点云数据的比较。

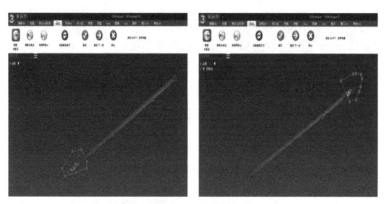

图 5.25 　清理左右两端的点云数据

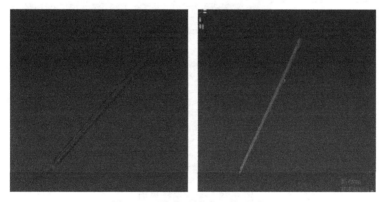

图 5.26 　隧道两端清理前后对比

在隧道两端的点云数据清理之后,还需对隧道内部进行处理,通过单击点云数据进行旋转,将隧道方向垂直于计算机屏幕,可清晰地看见隧道内部需要清理的点云数据。如图 5.27 为清理前后隧道内部点云数据比较,清理后隧道内噪声点云减少,提高了隧道建模的精度。

3)隧道三维模型

选中清理后的隧道点云数据,选择【网格|3D 网络】,在【降噪】子选项卡中,设置【规则采样】中的均分点与点间距离的大小(会影响建模的效果),通过实验可知,

选择 0.7~0.8 时,建模的效果比较好。另外选择【孔管理|仅保持外部边界】。建模是基于 TIN 进行建立的,将模型放大可以清晰地看见模型是以三角形方式建立的,图 5.28 为参数选择界面。

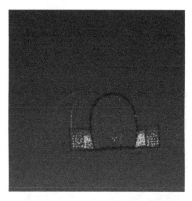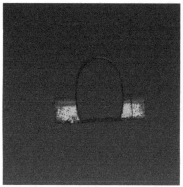

图 5.27　隧道内部清理前后对比

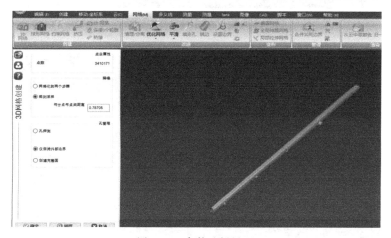

图 5.28　参数选择界面

参数确定后,单击【预览】,观察隧道模型是否比较理想。改变参数,单击【预览】,直到隧道的模型比较理想,单击【确定】,即可得到隧道最匹配的模型。模型是基于 TIN 建立的,所以点云的密度对参数大小有很大影响,如图 5.29 为隧道三维模型。

4)隧道中轴线

隧道的模型建好后,选择菜单【多义线|提取|中性轴】,按照默认参数提取出隧道模型的中性轴,如图 5.30 为中轴线提取。

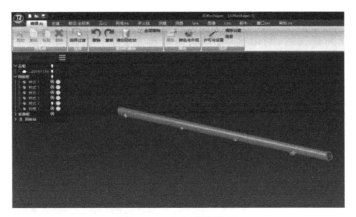

图 5.29　建立隧道模型

图 5.30　中轴线提取

由于隧道模型不是绝对规则的图形，所以中性轴不是一条直线，需要利用【多义线|改进|减少折线】将折线变为直线，在出现选择的参数后将【选项|成直角】改为"0"，单击【预览】，折线即变为直线，如图 5.31 所示。

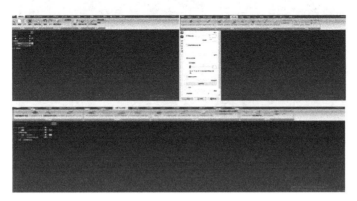

图 5.31　中轴线变为直线

5）中轴线平移

中轴线变为直线后,利用菜单【移动与坐标系】将中轴线垂直向上移动一定的距离,保证移动之后在隧道的上方(移动的距离通过测量隧道的高度确定),在移动后的直线上取一点。用同样的方法将直线竖直向下移动一定的距离(保证移动后在隧道的下方),在移动后的直线上提取两点,如图 5.32 所示。

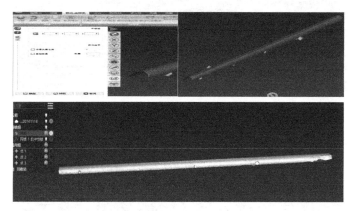

图 5.32　中轴线上下移动创建的三点

6）提取特征线

利用中轴线上下移动创建的三个点进行徒手截面,操作过程为选中整个点云后,选择【多义线|徒手截面】。在进行徒手截面之后,截面与隧道在隧道顶部和底部各有一条交线,隧道顶部的交线即为提取的特征线,如图 5.33 所示。

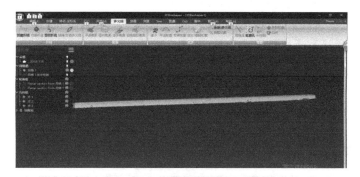

图 5.33　截面与隧道的交线

7）特征线数据导出

将其他的图层关掉只保留顶部的特征线,如图 5.34 所示,将特征线导出,导出的格式为 *.asc。

图 5.34　导出特征线

8）等间距起始点确定

监测点是特征线上等间隔提取的点，为了等间隔提取变形监测点，需要选择一个起始点，便于计算特征线上点与起始点之间的距离以确定变形监测点的位置。为了减小斜距对实验造成的影响和确保起始点在每期数据中都可以使用，本案例将隧道的特征线延长一定的距离后，在上面提取一点作为起始点，如图 5.35 所示。

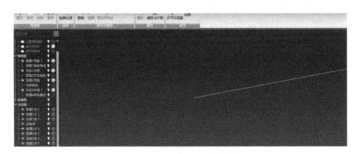

图 5.35　起始点确定

2. 特征线定距数据提取

使用同样的方法将六期数据的特征线提取出来，在 Excel 中分列打开 *.asc 数据，步骤如下：

1）坐标反算

将导入 Excel 的数据按照位置关系进行排序，本次测量中隧道口的 X 坐标比隧道内部的大。应用坐标反算确定提取的各点与起始点间的距离，坐标反算结果如图 5.36 所示。在 Excel 中坐标反算公式为：

$$=SQRT(POWER((B2-X),2)+POWER((C2-Y),2)+POWER((D2-Z),2))$$

式中，(X,Y,Z) 为起始点三维的坐标，B2、C2、D2 分别为各测点的 (X,Y,Z) 坐标。

F1 =SQRT(POWER((B2-733510.1656),2)+POWER((C2-4168205.843),2)+POWER(

	A	B	C	D	E	F	G
1		D			起始点坐标	17.46104375	
2	1	733506.2509	4168222.86	899.0928777	733510.1656	17.52235058	
3	2	733506.2371	4168222.919	899.1253347	4168205.848	18.43114875	
4	3	733506.0333	4168223.805	899.1438882	899.1003	18.49027779	
5	4	733506.0201	4168223.863	899.1479531		18.58513482	
6	5	733505.9988	4168223.955	899.1518866		19.15891312	
7	6	733505.8701	4168224.514	899.1384777		19.52436117	
8	7	733505.7882	4168224.87	899.1513179		19.8057575	
9	8	733505.725	4168225.144	899.1460586		20.51509917	
10	9	733505.566	4168225.836	899.1596982		20.55463709	
11	10	733505.5571	4168225.874	899.1589138		20.74629999	
12	11	733505.5141	4168226.061	899.1634823		21.20091872	
13	12	733505.4122	4168226.504	899.1603612		21.24744897	
14	13	733505.4017	4168226.549	899.1620983		21.321616	
15	14	733505.3851	4168226.622	899.1643138		21.96089256	
16	15	733505.2417	4168227.245	899.1489954		22.32867921	
17	16	733505.1593	4168227.603	899.1584089		22.68560587	
18	17	733505.0792	4168227.951	899.1507345		22.9191437	
19	18	733505.0268	4168228.179	899.1410658		23.42032149	
20	19	733504.9145	4168228.667	899.1713975		23.44827101	
21	20	733504.9082	4168228.694	899.1709129		24.07089572	
22	21	733504.7686	4168229.301	899.1872078		24.1128274	
23	22	733504.7592	4168229.342	899.1886541		24.71073325	
24	23	733504.6251	4168229.924	899.1663999		25.11450351	
25	24	733504.5345	4168230.318	899.1607818		25.40635256	
26	25	733504.4691	4168230.602	899.1630824		25.84451846	
27	26	733504.3708	4168231.029	899.1760665		26.16081136	

图 5.36 坐标反算

2)内插

在进行内插计算前,对坐标反算出的距离进行从小到大的排序。由于反算出的距离大部分都不是整值,为了获取整距离点的坐标,需要进行内插,内插结果如图 5.37 所示。在 Excel 中内插公式为:

=IF(INT(E4)−INT(E3)<>0,(D4−D3)/(E4−D3) * (INT(D4)−D3)+D3,0)

式中,E3、E4 分别为 1 号、2 号点至起始点的距离,D3、D4 分别为 1 号、2 号点的高程点。

我的WPS 工作簿1 工作簿2 工作簿3

H3 =IF(INT(E4)-INT(E3)<>0,(D4-D3)/(E4-E3)*(INT(D4)-D3)+D3,0)

	A	B	C	D	E	F	G	H
1		F						
2		D						
3	1	733506.2509	4168222.86	899.0928777	17.45646343	0	0	0
4	2	733506.2371	4168222.919	899.1253347	17.51777027	733506.129	4168223.389	899.1227759
5	3	733506.0333	4168223.805	899.1438882	18.42656845	0	0	0
6	4	733506.0201	4168223.863	899.1479531	18.48569748	0	0	0
7	5	733505.9988	4168223.955	899.1518866	18.58055452	733505.9047	4168224.364	899.1554361
8	6	733505.8701	4168224.514	899.1384777	19.15433281	0	0	0
9	7	733505.7882	4168224.87	899.1513179	19.51978087	0	0	0
10	8	733505.725	4168225.144	899.1460586	19.80117719	733505.6805	4168225.338	899.1432501
11	9	733505.566	4168225.836	899.1596982	20.51051887	0	0	0
12	10	733505.5571	4168225.874	899.1589138	20.55005679	0	0	0
13	11	733505.5141	4168226.061	899.1634823	20.74171969	733505.4562	4168226.313	899.1646046
14	12	733505.4122	4168226.504	899.1603612	21.19633843	0	0	0
15	13	733505.4017	4168226.549	899.1620983	21.24286867	0	0	0
16	14	733505.3851	4168226.622	899.1643138	21.31703571	0	0	0
17	15	733505.2417	4168227.245	899.1489954	21.95631226	733505.2319	4168227.287	899.1451819
18	16	733505.1593	4168227.603	899.1584089	22.32409891	0	0	0
19	17	733505.0792	4168227.951	899.1507345	22.68102556	0	0	0
20	18	733505.0268	4168228.179	899.1410658	22.9145634	733505.0077	4168228.262	899.1325284
21	19	733504.9145	4168228.667	899.1713975	23.4157412	0	0	0
22	20	733504.9082	4168228.694	899.1709129	23.44369071	733504.7835	4168229.236	899.1664398
23	21	733504.7686	4168229.301	899.1872078	24.06631544	0	0	0
24	22	733504.7592	4168229.342	899.1886541	24.10824712	0	0	0
25	23	733504.6251	4168229.924	899.1663999	24.70615296	733504.5592	4168230.211	899.1687152
26	24	733504.5345	4168230.318	899.1607818	25.10992321	0	0	0
27	25	733504.4691	4168230.602	899.1630824	25.40177226	0	0	0

Sheet1

图 5.37 内插出(X,Y,Z)坐标

3)确定变形监测点

比较六期数据,选择其共有部分为变形分析点。第一期数据为距离起始点 18～280 m,共有 263 个点;第二期数据为距离起始点 20～269 m,共有 250 个点;第三期数据为距离起始点 22～269 m,共有 248 个点;第四期数据为距离起始点 18～273 m,共有 256 个点。所以它们的共有部分为距离起始点 22～269 m,共有248 个

点。由于变形监测分析的点过密,在 248 个点的基础上以 5 m 的间隔取点进行变形监测分析,疏减后测点就变为 50 个。

将每期数据的 Z 坐标数据都与第一期相比较,得出变形量,绘制折线图。采用变形观测处理软件,将 Excel 格式的原始数据转换为观测线成果处理软件识别的 TXT 格式(图 5.38)。将程序打开,按【导入|计算|绘图|导出】就可以将结果导出。在计算时可以选择全观测段或单个观测段绘制相应的折线图,如图 5.39 所示为开采扰动隧道顶部下沉曲线。

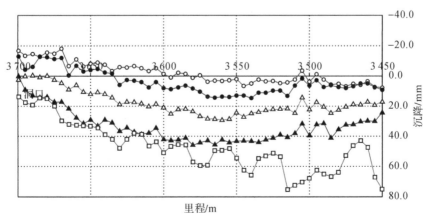

图 5.38　观测线处理数据(TXT 格式)

2016 年 11 月至 2017 年 6 月,共对铁路隧道进行 6 次三维激光扫描监测,通过提取隧道拱顶位置的参考线,进行对比分析,得到如图 5.39 所示拱顶的下沉曲线。2017 年 6 月 8 日,隧道里程 3 515 m 处沉降达到最大 75.3 mm。

图 5.39　开采扰动隧道顶部下沉曲线

　　通过提取隧道两帮腰线位置的水平移动,分析图 5.40 可知:隧道在 2 月 14 日均为整体从东向西移动,且东侧边帮与西侧的移动趋势基本一致;而 3 月 22 日隧道西侧边帮的水平移动大于其东侧边帮;6 月 7 日西侧边帮由东向西移动大于东侧边帮,水平移动量最大达到 80 mm(东向西)。尤其是从里程 3 600～3 700 m 段最为显著,说明该里程段的隧道处于拉伸变形状态,存在安全隐患。

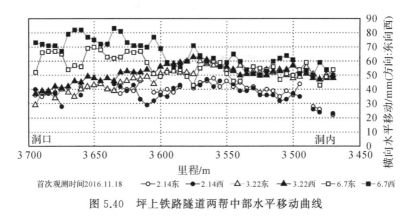

图 5.40　坪上铁路隧道两帮中部水平移动曲线

§5.4　相似材料模型实验变形监测

　　本次实验模拟的地质采矿条件为王封煤矿及近距离煤层工作面简化模型。根据矿区与模拟材料的容重抗压强度,选取材料比,计算出各层用料量。模型相似比为 1∶40。模型规格为 3 000 mm×1 400 mm×160 mm。对模型进行模拟开采,开采方向从左至右,开采至模型稳定用时共计 9 天,通过三维激光扫描仪获取模拟开采过程中每个时期模型的点云数据,并通过点云数据处理软件提取观测点靶标中心的三维坐标。根据实测,求算或反推该条件下现场开采时覆岩层移动规律。

　　在模型制作完成并布设测点之后,需等待模型干燥,同时架设三维激光扫描仪,设置坐标系才能对模型开始开采。本次实验相似比采用 1 小时模拟现场 24 小时。每次开采完一段时间之后,都要等到地表基本稳定后,再观测覆岩运动和地表移动情况。模型上总共布设 232 个黑白靶标,靶标规格为 80 mm×80 mm,从模型最上层到底层到一共有 8 条观测线,每条观测线上 29 个黑白靶标,靶标用大头钉固定。其中最上面的一层贴近地表,作为地表的移动观测线,具体的测点布设如图 5.41 所示。

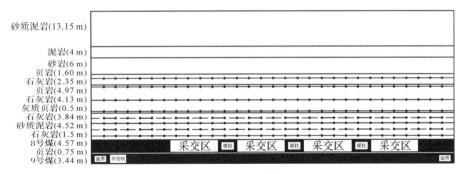

图 5.41　模型观测线布设

对于提取的靶标中心点的坐标,使用 Excel 计算在开采过程中靶标中心点的坐标变化量,计算开采各个阶段中每个靶标中心点坐标的下沉值(W)、水平移动(U)、倾斜变形(i)、曲率变形(K)、水平变形(ε),并根据计算结果绘制下沉曲线、水平位移曲线等。对模型的观测除了使用三维激光扫描仪,同时用全站仪进行了监测,用全站仪获取的数据对扫描数据进行精度评定。图 5.42 为本次实验模型的原型。

图 5.42　相似材料模型实验

5.4.1　点云数据导入及预处理

本次相似材料模型实验对靶标中心点坐标的获取采用三维激光扫描技术。首先在模型开采过程中用三维激光扫描仪扫描获取模型的点云数据,之后对点云数据进行处理,提取靶标中心点的坐标。本次实验使用的仪器是徕卡 MS50 三维激光扫描仪,扫描时的水平与垂直分辨率均为 1 mm,从开采到实验结束共扫描 6 次。本次实验选用的点云数据处理软件为 Cyclone,同时使用全站仪进行观测,用于对扫描或取得的数据进行精度评定。图 5.43 为扫描获取的原始点云。

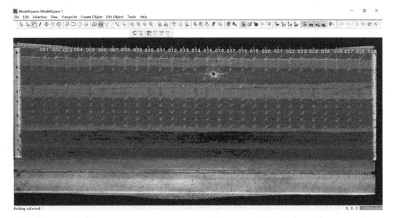

图 5.43　扫描点云数据

首先打开软件 Cyclone，右击"计算机"（unshared），在弹出菜单中单击
【Databases】，通过【Add】建立项目数据库并命名，用来存放需要处理的点云数据，
之后右击建立的项目数据库，在弹出的菜单中选择【Import】导入所需要处理的数
据。由于点云数据较大，导入完成需等待一定时间。

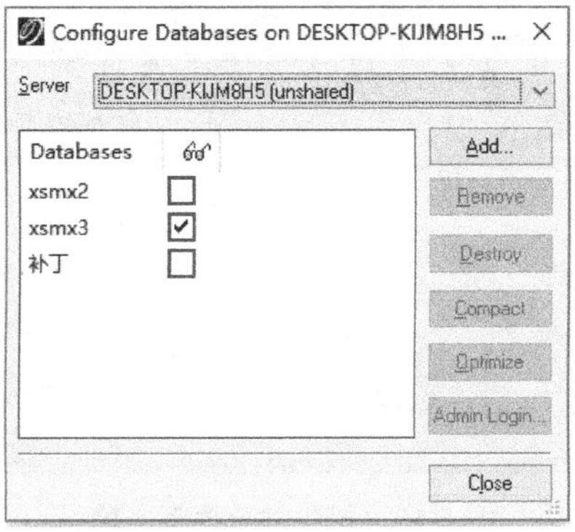

图 5.44　Cyclone 点云加载

三维激光扫描获得数据量比较大，处理起来比较慢，但是扫描的数据中存在很
多不需要的，如本次实验中的模型支架。周围的离散点等称为噪声，可以通过点云
处理软件中的降噪功能进行处理，减少数据量，提高点云质量。

本次相似材料模拟实验模型体积较小，扫描时一站即可全部扫描完毕，所以扫描
后的数据无须进行点云配准，也无须进行坐标转换。但是对模型进行变形监测所使
用的靶标是平面靶标，扫描后的点云数据理论上是一个平面点云，而扫描中由于透射
扫描获取的点云数据厚度不一致，点云较厚处对靶标中心坐标的提取存在一定的影
响，同时扫描过程中也获取了模型支架等无关噪声，裁剪可以提高点云质量。

5.4.2　监测靶标中心坐标处理

1. 坐标提取

(1)首先打开文件列表,右击之前导入的点云文件下的 ModelSpace1,在弹出的菜单中选择 Open Temporary ModelSpace View,之后弹出一个新的操作界面,进入模型操作界面,在此界面里可以进行调整视角、放大缩小点云、裁剪合并点云、降噪等很多常规点云处理功能。

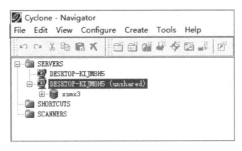

图 5.45　点云项目建立

(2)框选靶标区域。首先选择 Rectangle 工具框,然后框选准备提取的靶标区域,要注意的是框选时尽量让框选的范围与靶标范围重合,这样可以提高提取的靶标中心的准确度,如图 5.46 所示。框选完成之后右击选择 Copy Fenced Zone Model Space,把框选区域的点云裁剪出来单独放入一个操作空间。

(3)提取靶标中心坐标。首先选择 Pick Model 工具,单击靶标中心点的位置;之后右击选择 Fit to Cloud|Black|White Target,在弹出的对话框中输入该靶标的编号,如图 5.47 所示;然后关掉该操作界面,选择 Merge into Original Model Space 和 Remove Link from Model Space,将靶标中心并入之前的点云中。

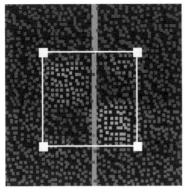

图 5.46　靶标区域框选

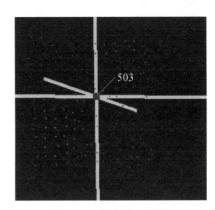

图 5.47　靶标中心编号

　　靶标编号从左上角第一个靶标开始,从左到右开始编号。按行提取,先提取完六期数据中每一期数据第一层的靶标中心;之后逐层提取,提取完整个模型的靶标中心后模型如图 5.48 所示。其中编号第一个数字代表靶标所在的观测线层数,后两位代表靶标所在该层观测线中的位置。

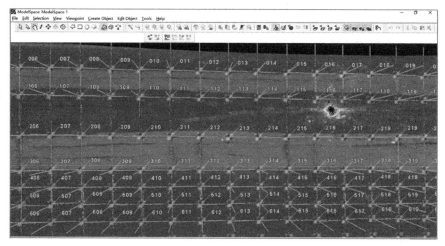

图 5.48　靶标提取编号

2. 坐标导出

　　导出靶标中心坐标数据,首先单击 File|Export,之后选择导出文件存放的目录,文件的格式为 TXT,然后选择要导出点的范围。在 Object Type 下选择 Object Type 和 Vertex,如图 5.49 所示。在导出数据时可以选择导出数据的精度,本次实验选择的是保留小数点后 3 位,如图 5.50 所示。

图 5.49　导出目标选择

图 5.50　导出数据精度选择

　　导出的数据是 TXT 格式,按照提取顺序依次排列,缺失的靶标不能表现出来,这就给不同期数据之间同一靶标的配对造成了一定困扰。采取的解决措施是在提取过程中,对于缺失的靶标在其近似的位置手动设置靶标中心,保证之后导出的数据都是 232 个点的坐标,同时对该靶标的编号进行标注,在后期的数据处理时删除该数据。

5.4.3 全站仪与扫描仪监测数据对比

对于相似材料模拟实验的位移监测,有很多种方法,如插针法、显微镜法、灯光透镜法、反射仪法、钢板尺法、百分表法、精密水准仪法等。这些方法普遍存在很多不足,如观测装置的安装比较麻烦,并且采样点有限、工作量大,采样时会对模型造成一定破坏。目前比较常用的有三种:传统的测量方法,即经纬仪或者全站仪法;近景摄影测量也可以用来获取离散点的三维坐标;单点照相法也被用于相似材料模型的位移监测,但是精度不理想。

(1)传统测量方法用全站仪对相似材料模型进行观测的优点是精度很高,另外全站仪灵活方便,操作简单,工作效率高,而且可以同时获取测点的水平位移和垂直位移。

(2)近景摄影测量方法是一种非接触式三维测量方法,通过数码相机来获取内、外方位元素,之后对获取的图像进行线性变换,通过光线束法平差来计算物点的空间坐标。该方法获得的点位精度为 3 mm,而且可以瞬间获取被摄物体大量物理信息和几何信息,非常适合量测测点众多的目标。

(3)单点照相法是一种操作简便快捷的方法,是利用普通的数码照相方法来实现对相似模型的检测。具体的步骤是对每个测点进行单点数码照相,在此之前要在每个测点周围设置独立的控制网格用来提高测量的精度。照相完成之后,用常规数字成图软件对获取的相片进行处理,之后通过坐标变换、畸变矫正来解算每个测点的坐标。

5.4.4 相似材料模型变形分析

地下开采引起的岩层及地表移动过程是一个极其复杂的时间、空间现象,其表现形式十分复杂。从地表移动的过程来看,地表点的移动状态可用垂直移动和水平移动来描述。垂直移动即为下沉,水平移动分量按照其相对于断面的关系分为沿断面方向的水平移动和垂直断面方向的水平移动,一般前者称为纵向水平移动,后者称为横向水平移动。

1. 下沉
地表点的下沉为

$$W_n = H_{n0} - H_{nm}$$

式中,H_{n0}、H_{nm} 分别表示地表 n 点在首次和 m 次观测时的高程,W_n 为地表 n 点的下沉。图 5.51 为相似材料模型 8 条观测线下沉量曲线。

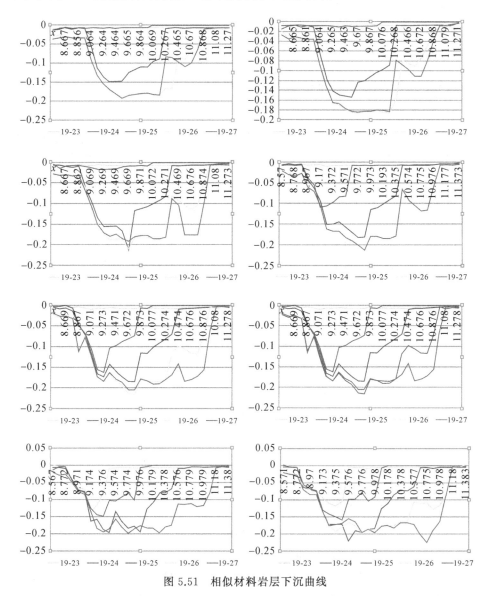

图 5.51　相似材料岩层下沉曲线

　　通过观察 8 条观测线的下沉曲线,可以看出来本次相似模型实验中,地表测点发生了明显的下沉。在 19 日第 6、7、8 层观测开始发生下沉,而且下沉曲线之中出现了平底区域,最大下沉量 2 310 mm;地表下沉从 25 日开始,最大下沉量 1 900 mm。

2. 水平移动

$$U_m = L_{nm} - L_{n0}$$

式中，U_m 为地表 n 点的水平移动，L_{n0}、L_{nm} 分别表示 n 点首次观测和 m 次观测时的水平距离。图 5.52 为 8 条观测线水平移动曲线。

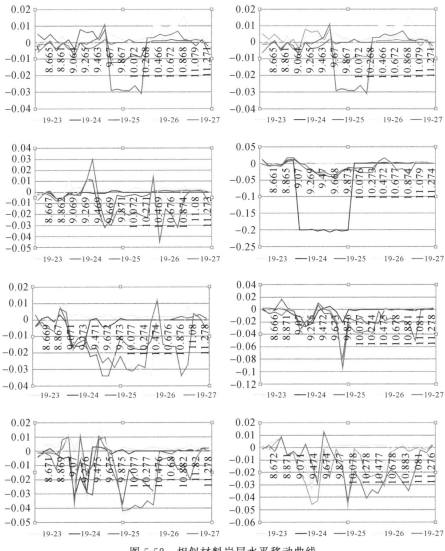

图 5.52　相似材料岩层水平移动曲线

从 8 个水平移动曲线可以大致看出，水平移动从 10 号到 20 号点之间明显升高，这些点位所处的位置即为下沉盆地的位置。从时间顺序来看，从 19 日到 24 日之间，第 1、2、3、4 层的观测线基本没有发生水平方向的位移。

3. 倾斜变形

地表倾斜变形是指相邻点在竖直方向上的相对移动量与两相邻点间水平距离

的比值,反映沿某一方向上的坡度。

$$i_{2-3} = \frac{W_2 - W_3}{l_{2-3}}$$

式中,W_2、W_3 分别表示地表点 2、3 的下沉值,i_{2-3} 为地表 2～3 点的水平距离。图 5.53 为 8 条观测线倾斜曲线。

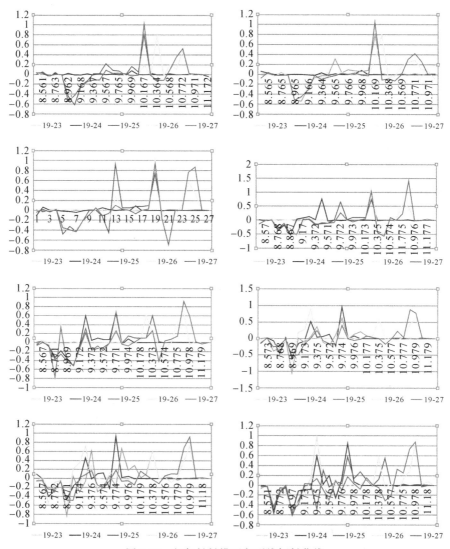

图 5.53　相似材料模型各测线倾斜曲线

4.曲率变形

曲率变形是指两相邻线段的倾斜差与两线段中间的水平距离比值,反映的是观测线端面上的弯曲程度。

$$K_{2-3-4}=\frac{i_{3-4}-i_{2-3}}{0.5\times(l_{2-3}+l_{3-4})}$$

式中，i_{3-4}、i_{2-3}分别表示地表 2～3 点和 3～4 点的平均斜率，l_{2-3}、l_{3-4}表示 2～3 点及 3～4 点的水平距离。图 5.54 为 8 条观测线曲率变形曲线。

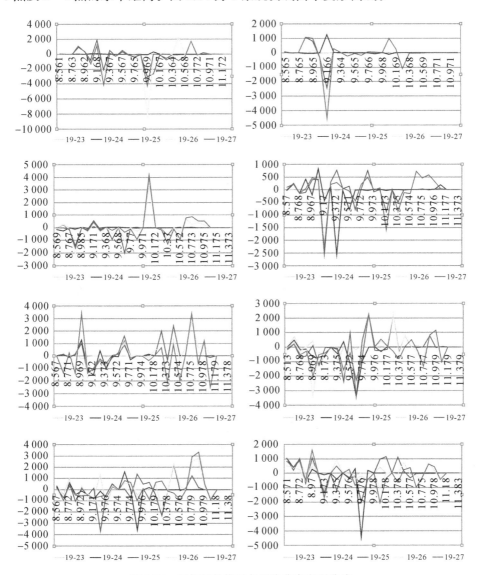

图 5.54　相似材料模型各测线曲率变形曲线

分析图 5.54 的曲率变形，虽然整体上曲率变形比较杂乱，但是每幅分图上都有两处峰值,两处峰值基本是下沉盆地的位置,位置基本都集中在 10 号点和 20 号点。另外底下几层明显曲率普遍比较高,因为最靠近采动区,变形最快,变形量也都比较高。

5. 水平变形

水平变形是指相邻两点的水平移动差值与两点水平距离的比值。反映相邻两测点间单位长度的水平移动差值。

$$\varepsilon = \frac{U_3 - U_2}{l_{2-3}}$$

式中,各参数含义与上一小节相同。图 5.55 为 8 条观测线水平变形曲线。

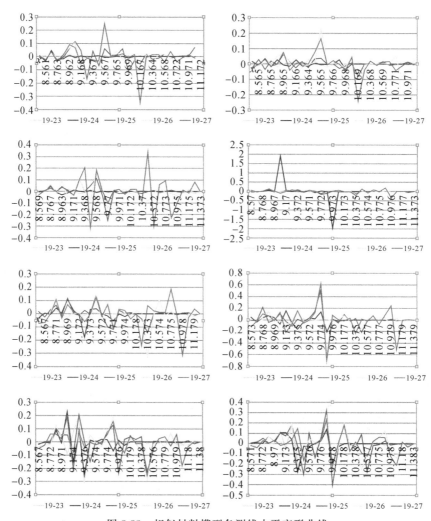

图 5.55　相似材料模型各测线水平变形曲线

从图 5.55 中,下面几层观测线的水平移动偏大,在第 1 至 6 层观测线中,10 号点和 20 号点处的水平位移比较突出,其余点的水平位移就比较平缓。两点的位置即为下沉盆地的边界处。

为了验证三维激光扫描获取的点云与数据精度能否满足变形监测的要求,在本次相似材料模型实验中,除了用三维激光扫描仪进行扫描,同时还使用全站仪对靶标的中心点进行观测,采用全站仪获取的数据进行参照,对两种观测手段获取到的不同坐标进行对比,如表 5.1 所示。

表 5.1　扫描仪与全站仪数据

全站仪数据			扫描仪数据		
x	y	z	x	y	z
8.865 4	12.294 5	11.574 9	8.862	12.225	11.577
8.963 1	12.290 5	11.573 7	8.963	12.290	11.575
9.066 5	12.284 9	11.574 5	9.067	12.284	11.575
9.283 6	12.265 5	11.477 8	9.284	12.268	11.481
9.475 9	12.258 5	11.438 0	9.476	12.259	11.439
9.576 7	12.245 4	11.429 3	9.575	12.249	11.428
9.795 1	12.238 8	11.420 3	9.796	12.239	11.424
9.894 9	12.236 2	11.424 0	9.895	12.235	11.426
10.000 3	12.227 2	11.424 5	10.001	12.227	11.425
10.101 8	12.223 0	11.425 1	10.103	12.223	11.428
10.199 6	12.220 0	11.419 9	10.200	12.220	11.421
10.298 6	12.211 5	11.420 6	10.302	12.212	11.421
10.360 2	12.214 0	11.524 6	10.362	12.214	11.525
10.467 9	12.208 7	11.515 8	10.468	12.210	11.517
10.570 9	12.201 1	11.505 8	10.571	12.203	11.508
10.675 5	12.197 6	11.494 4	10.675	12.198	11.495
10.771 3	12.192 3	11.502 5	10.772	12.192	11.503
10.861 6	12.188 0	11.537 2	10.862	12.188	11.537
10.969 0	12.182 6	11.592 8	10.969	12.183	11.594
11.079 4	12.178 0	11.595 2	11.079	12.177	11.596
11.170 6	12.172 8	11.596 4	11.170	12.172	11.597
8.669 9	12.303 4	11.489 0	8.667	12.304	11.489
8.768 9	12.298 4	11.487 4	8.767	12.299	11.489
8.867 9	12.293 5	11.487 4	8.866	12.293	11.488
8.764 6	12.301 1	11.575 3	8.763	12.300	11.577

分别计算每个方向上全站仪与三维激光扫描仪所获取的数据的差值。对差值在各个大小区间内的数据进行统计,用统计量及各个方向差值的中误差和平均误差来评定精度。图 5.56 为差值分布散点图。

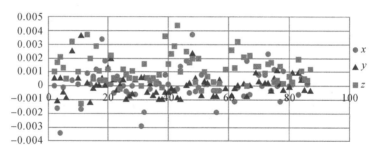

图 5.56　扫描仪与全站仪偏差分布

　　对比计算可得点云提取靶标中心点之后的坐标精度较高,与全站仪所获得的数据在各个方向上的偏差都比较小。其中偏差在 x 方向上为 $1 \sim 4$ mm,平均误差为 1 mm,中误差为 1 mm;在 y 方向上为 $1 \sim 4$ mm,平均误差为 2 mm,中误差为 1 mm;在 z 方向上为 $1 \sim 5$ mm,平均误差为 2 mm,中误差为 1 mm。

　　对于观测结果相对于模型的精度,通常对于开采沉陷的变形监测要求观测精度达到 10 mm 以内,根据模型相似比 1:40,所以模型的观测精度为 0.25 mm。

§5.5　高耸化工塔倾斜监测

　　化工塔等高耸设备的倾斜观测用传统的方法具有一定的难度,本节以平定化工厂新建化工塔、烟囱为例,采用三维激光扫描从两个角度分别采集点云数据,应用 3DReshaper 软件提取圆形化工塔或烟囱的中心坐标,并根据不同高度的中心坐标对观测对象的倾斜进行分析。

5.5.1　高耸化工塔观测

　　采用三维激光扫描仪从两个方向获取高耸化工塔的点云,并进行自动拼接,图 5.57 和图 5.58 分别为化工塔点云分布俯视图与立面图。

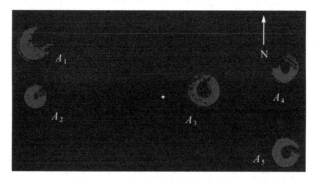

图 5.57　化工塔点云分布俯视图

　　在 3DReshaper 软件中,通过 3 点作圆,如图 5.59 所示,确定不同高度化工塔的三维坐标,根据不同高度化工塔的中心坐标,计算化工塔不同高度的倾斜,如表 5.2 所示。

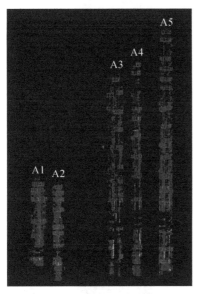 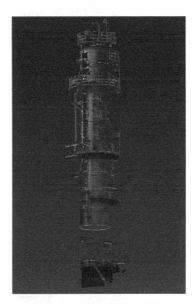

图 5.58　化工塔点云分布立面图　　　　图 5.59　A4 柱体圆心测量

表 5.2　化工塔倾斜

A1		A2	
高度/m	倾斜(无量纲)	高度/m	倾斜(无量纲)
28.15	0.003	16.26	0.005
30.15	0.003	26.26	0.001
A3		A4	
高度/m	倾斜(无量纲)	高度/m	倾斜(无量纲)
38.30	0.009	62.03	0.003
63.30	0.005	63.03	0.000
A5			
高度/m	倾斜(无量纲)		
33.91	0.001		
38.91	0.001		

5.5.2　烟囱观测

　　由于烟囱的直径较大,采用三维激光扫描仪在某一方向采集点云数据,即可在 3Dreshaper 中采用 3 点作圆的方式确定烟囱在不同高度的中心,图 5.60 和图 5.61

分别为烟囱的立面图及圆心的测量。根据确定的圆心坐标,计算烟囱在不同高度的倾斜,如表 5.3 所示。

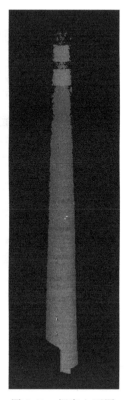 

图 5.60　烟囱立面图　　　图 5.61　烟囱圆心测量

表 5.3　烟囱倾斜

高度/m	倾斜(无量纲)
18.33	0.002
28.33	0.002
38.33	0.001
48.33	0.001
58.33	0.001
68.33	0.001
78.33	0.000
88.32	0.001
98.32	0.001

第6章 三维激光扫描技术在其他领域的应用

本章将三维激光扫描技术应用在工业测量、电力测量、交通事故处理等领域，具体以海工装备竣工测量、氯化物容器腐蚀程度测量、变电站扫描、交通事故现场扫描研究为案例，使用徕卡 MS50 全站扫描仪、HDS6800 扫描仪获取点云数据，并通过不同的软件对点云数据进行处理及三维建模。

§6.1 工业测量

6.1.1 海工装备竣工测量

大型海洋工业设备由于体积较大，搬运及安装难度很大。大型丙烷容器作为海洋开采平台附属的重要设施，其精确制造与合理安装对于海工企业具有重大的安全与经济意义。随着全球经济一体化的发展，设备安装所在地通常为人力成本较高的发达国家，很多大型的海工企业为了节省建造成本，将海洋重型装备的制造委托至亚洲国家，制造完成后通过海上运输至项目所在国进行安装。天津、上海、青岛、珠海等地分布有大量的海工装备制造企业。海洋装备竣工尺寸是否满足设计要求，受到很多因素的影响，如温度、制造标准、运输过程的扰动变形等。其中温度对大型海工装备的影响较大，例如，冬季在我国北方制造的海工设备，运输到澳大利亚达尔文的安装平台（常年温度 40℃ 以上），将会产生较大变形。为了在安装前检测设备是否达到设计要求，需要对海工装备进行精确的测量。然而传统的测量技术（全站仪）虽然具有较高的精度（毫米级），但其采集的数据为离散型，无法对装备的整体尺寸进行连续描述，且大型的海工装备由于其结构的复杂性，传统的测量方法往往无法触及较高的隐蔽位置。为了解决这一问题，本案例引入三维激光扫描技术对大型海工装备进行全面、快速的扫描。然而，三维激光扫描仪的测量精度由于不同测站的拼接、点云噪声的影响等，其测量精度一般达到厘米级，为了克服全站仪的离散点测量与三维激光扫描仪精度较低的问题，本案例尝试将两种技术相结合，应用全站仪的高精度离散点数据，提高三维激光扫描仪的整体点云数据精度。

1. 数据处理及精度

控制点网数据处理应用测量平差软件，对边角网所测边长、角度，水准测量所测高差，以及已知点坐标数据（按假定独立坐标系）进行平差计算，得到控制网的三维坐标（亚毫米级精度）。处理大型装备关键特征点全站仪测量数据，空间坐标计算精度为毫米级。三维激光扫描数据处理,应用配套点云处理软件,将不同测站点的点云数据进行基于标靶的点云匹配,并通过修正部分标靶的绝对坐标,提高整体点云匹配精度(毫米级)。如图 6.1 所示为全站仪与三维激光扫描仪联合测量技术流程。对于关键特征点,对比分析全站仪测量坐标与三维激光扫描的特征点位置的精度。

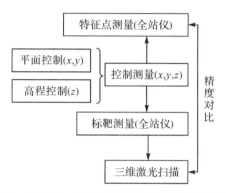

图 6.1　全站仪与三维激光扫描仪联合测量技术流程

　　根据装备的设计图纸,采用逆向工程软件,建立装备的三维实体模型。将相应的点云数据与三维实体模型进行匹配对比分析,形成装备变形偏差云图。

　　大型球状丙烷容器(直径约 18 m)如图 6.2 所示,在印度制造,安装场地位于澳大利亚达尔文。由于地域差异,为了降低安装过程中的风险,需要对该容器的整体变形及关键特征点进行测量。该容器外围具有很多附属设施,如楼梯、支撑柱等。很多关键点位测量棱镜无法触及,全站仪也无法稳定地放在辅助的支架平台上,用传统的测量方法无法完成此项目。采用本案例所提出的全站仪与三维激光扫描仪联合测量技术。数据采集采用徕卡 TS30 全站仪、徕卡 DNA03 数字水准仪及徕卡 HDS6100 扫描仪。

图 6.2　球形丙烷容器

2.控制测量

围绕丙烷容器布设控制网,应用徕卡 TS30 全站仪进行平面控制,徕卡 DNA03
数字水准仪进行高程控制,并对测量数据进行平差,得到表 6.1 中的控制点成果。

表 6.1　控制点成果

控制点	X/m	Y/m	Z/m
9000	956.739 9	980.196 2	99.780 8
9001	969.385 7	946.836 3	99.833 5
9002	1 000.164 9	965.826 2	99.962 7
9003	1 000.000 0	1 000.000 0	100.000 0
9004	993.761 8	1 016.569 0	100.003 6
9005	972.418 7	1 006.283 7	99.878 3
9006	946.715 5	1 007.405 0	99.772 2

3.特征点精密测量

将徕卡 TS30 全站仪架设在控制点 9000～9006,测量人员借助升降机,手持
"锤形棱镜"逐一采集特征点的空间坐标,如焊接附属部件的特征点、支撑柱体的焊
接位置等。

4.三维激光扫描测量

将三维激光扫描仪分别架设在:①地面;②约 10 m 高的固定支架平台;③容器
的顶部平台。分别绕容器进行扫描,各扫描站点之间采用标靶进行后期配准,共进
行 67 站扫描。如图 6.3 为球形容器的局部点云,全站仪测量无法触及该区域的
点位。

图 6.3　球形容器的顶部点云

5. 球形容器的建模及变形分析

　　根据丙烷容器的设计图纸,建立如图6.4所示(彩图见附录)三维实体模型,并结合扫描的点云结果,通过空间位置拟合对比设计实体模型与三维激光点云数据,得到如图6.5所示(彩图见附录)尺寸偏差云图,容器在加工过程中,可能由于温度的影响,某些部位的尺寸偏差达到了50 mm。

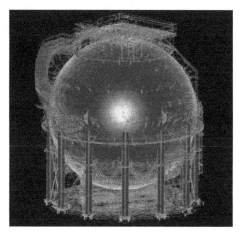

图 6.4　丙烷容器设计实体模型与点云

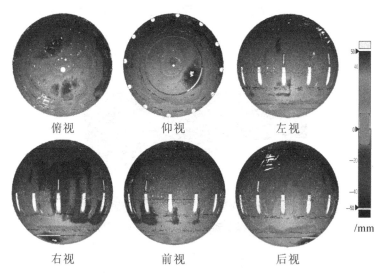

俯视　　　　　　仰视　　　　　　左视

右视　　　　　　前视　　　　　　后视

图 6.5　丙烷容器球体制造偏差云图

　　三维激光扫描通过非接触式测量,大范围、高密度地采集了球形丙烷容器外形尺寸信息,结合传统的精密工程测量,对三维激光扫描获取的特征点进行校正,可大幅度地提高普通三维激光扫描仪的测量精度,达到毫米级,并将其应用于精密工程测量。通过两种测量技术的结合,最终获得了球形丙烷容器各个特征点的三维坐标:三维激光扫描仪获得了全站仪在地面无法采集的特征点;全站仪采集了地面可见的特征点,同时为三维激光点云数据提供了校准依据。全站仪与三维激光扫描联合测量技术的提出,实现了离散点与连续测量点相互融合的可能,解决了中距离三维激光扫描仪精度较低(厘米级)的问题,同时克服了全站仪视野范围有限的问题。

6.1.2　氯化容器腐蚀程度测量

化工制品在存储或反应过程中,不同程度腐蚀存储容器或反应釜,腐蚀程度直接关系到化工生产的安全。很多学者将三维激光扫描技术应用在油罐容积的监测中,快捷、准确地获取了油罐的容积,对于计量检验部门具有重要的意义。被腐蚀后的容器外形不规则,无法直接接触测量,为了从几何尺寸来判断存储容器的腐蚀程度,本案例采用了非接触式测量方法——三维激光扫描技术,通过快速地获取腐蚀容器内部的点云信息,并与设计的模型进行对比,以此判断容器的腐蚀程度。

根据测量对象尺寸和形状的复杂程度,需要一次或多次扫描相结合。扫描对象的真实形状通过采集大量的三维点(一般称作"点云")形成。每个点都具有三维坐标及其他属性,如亮度、法向和颜色等,如图 6.6 所示。

图 6.6　点云与设计模型

根据设计图纸,通过专业的三维模型软件包,完成设计三维模型。模型的细节程度取决于其形状的复杂程度及该项目的性质。通过点云与设计三维模型之间的对比形成了偏差图,如图 6.7 所示(彩图见附录),其通过不同的颜色表达相应的偏差值。偏差图将结构的腐蚀程度直观的体现,反映的是模型的现状与设计三维图形之间的差异程度,不但可以反映扫描对象的腐蚀程度,也可以反映扫描对象磨损程度等。

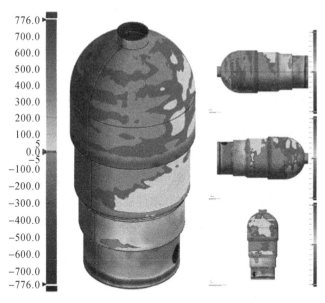

图 6.7　氯化物容器的腐蚀分析(单位:mm)

全面几何分析如图 6.8 所示,可通过水平或垂直剖面,按照需求间距剖分三维模型。各剖面均可显示最大或最小偏差、限差及其统计分析。

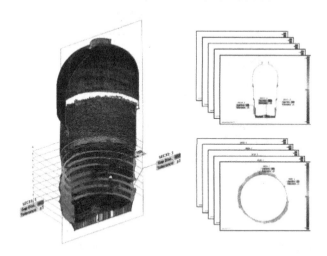

图 6.8　氯化物容器的剖面偏差分析

将三维激光扫描测量技术应用在腐蚀性容器几何尺寸测量上,解决了腐蚀性容器的内壁不规则、无法准确接触测量的问题。应用三维激光扫描技术获取了扫描对象的真实现状数据,并通过三维逆向还原技术,将二维图纸制作为三维模型,对比真实现状点云与设计三维模型,得到了扫描对象的偏差图,可用于容器的腐蚀分析、物体的磨损分析等。

§6.2　电力测量

6.2.1　点云数据的获取

在三维重建的过程当中,首先进行的工作是数据的采集工作,数据的好坏能够决定模型在建立过程当中遇到的问题复杂程度和构成模型的质量。如果数据质量较差,得到的模型只是一些不能与目标物进行拟合的无用之物。在扫描的过程当中,需要对天气的选择、控制点的选择、扫描精度的设置,以及场地的干扰等做出必要的优化。同时,三维建模的工作是根据"先控制后细部"的方法进行的,需要在现场对目标物的地形进行观察,利用全站仪进行控制测量,再利用三维扫描仪进一步进行数据采集工作。

1. 控制测量

管涔(忻州五寨)500 kV 变电站新建工程:站址位于忻州市五寨县三岔镇塔子会村南侧约 1 200 m 处,距忻州市约 120 km,距朔州市约 70 km,距五寨县城约 40 km。本期新建主变 2×10^3 MVA(1 MVA$=1 \times 10^6$ W),电压等级 500 kV/220 kV/35 kV。500 kV 出线 4 回,220 kV 出线 6 回,本期每组主变低压侧装设 2 组60 Mvar(1 Mvar$=1 \times 10^7$ var)电容器和 3 组 60 Mvar 电抗器。

河曲—朔州 Ⅰ、Ⅱ 回 500 kV 线路双"π"接入忻州五寨变电站输电线路工程:新建同塔双回线路长 2×27 km(其中五寨—河曲线路长度为 2×14 km,五寨—朔州线路长度为 2×13 km),单回路长 1.6 km(其中五寨—河曲线路长度为 0.7 km,五寨—朔州线路长度为 0.9 km)。"π"接后五寨至河曲线路长 48 km,五寨变电站至朔州线路长 104 km。线路位于山西省忻州市五寨县境内。由于电量大,电量的用途广,因而对电量传输过程的线路选择和总要求比较高。本案例所测的目标就是变电站,也即忻州管涔变电站,该变电站的面积较大,在数据采集的过程中,对扫描站数的设置和控制网点的选取有要求,图 6.9 为扫描站点分布。

由于没有当地的控制点坐标,此次测量采用的是后视定向,所有测量的数据都有一个相对的位置,在之后的扫描数据处理过程中,数据拼接就会少一些工作,因为只需要建立模型,所以对精确点的坐标要求较低。如果有控制点的话,可以根据控制点的坐标,将整个模型空间定位出来,大小和测量的标注也可以清晰地计算出来。

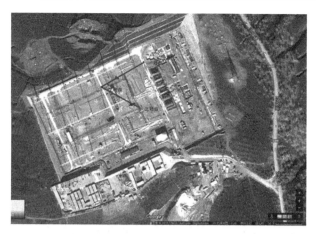

图 6.9　五寨 550 kV 变电站的观测点

2. 三维激光扫描数据的采集

在忻州五寨管涔变电站的三维数据扫描过程中,采用的是徕卡 MS50 三维激光扫描仪,总共设置了 3 个控制点,所使用的仪器是全站式的三维激光扫描仪,每个测站点都是在同一个坐标系之下。二号点是以一号点为后视点进行后视定向设站,三号点是以二号点为后视点进行后视定向然后设站的,因而并不需要进行点云的拼接,这样就减少了点云数据拼接过程的误差。在扫描点的过程中,及时检查扫描的完整度,能够把没有扫描出来的数据及时补上。图 6.10 为扫描过程。

(a) 设站　　　　　　　(b) 后视　　　　　　　(c) 全景

图 6.10　五寨变电站扫描实景

6.2.2　点云数据处理

1. 点云数据的去噪及优化

在给空间的实体(各种建筑物或构筑物)扫描的过程当中,由于扫描外界环境受限,如范围的大小和环境的遮挡等,一般在扫描实体表面数据的同时,一些不需要的信息也不可避免地被扫描到,会增加处理数据的复杂程度。因此,需要通过用手动的方法或利用自动的方法把数据分离开,把建模所需要的数据分离出来。

徕卡 MS50 三维激光扫描仪及扫描系统的数据输出格式可以有很多种,它的数据后处理软件(模型重建)有 Geomagic Studio、Cyclone、3DReshaper 等。

首先,在 Geomagic Studio 后处理软件当中,该软件提供的数据分离操作有手动操作和自动操作。手动操作提供了点的框选工具,有多边形和任意多边形。将噪声点选中之后,直接手动删除即可。在自动操作删除噪声点的选项中,对已有点云数据有不同的自动删除算法,包括根据点之间的距离、点与点之间的密度等,选项有体外孤点的删除、非连接项的删除,可以根据需要的距离设置进行选点删除,将符合条件的这些点云数据保留下来,去掉一些并不需要的无效数据点云。根据该款软件,在忻州五寨变电站的扫描数据处理过程当中,可以看出扫描数据分割之后和分割之前的点云数据的变化,如图 6.11 为未进行分割的点云数据,可以看到点云数据很多,有用和无用的数据杂乱地混为一起。如图 6.12 所示为进行了数据的分割,把需要进行数据分割的部分留下,将不要的数据进行了精简,达到了要建立模型的场景。通过图 6.12 可以看到变电站的轮廓,能够方便地进行数据的编辑。

图 6.11　未进行分割的点云数据

在 3DReshaper 数据后处理软件当中,点云数据的分割过程中有清理分离点云数据的选项,包括对多余点云数据的手动删除,即用多边形拉伸框清理或删除点云数据。图 6.13 为在 3DReshaper 中操作的点云数据处理前后对比,处理之前原数据未进行任何操作,处理之后的点云进行了手动和自动删除综合操作。

在 Cyclone 数据后处理软件当中,也有对原始数据进行分割的操作。在进行点云数据的分割过程当中,只能进行手动操作,删除过多的点云数据和不清楚或残缺的数据,通过处理之后可将清晰的数据进行模型重建。如图 6.14 和图 6.15 为数据分割前后处理的点云数据对比(数据有很大的残缺)。

图 6.12　分割后的点云数据

 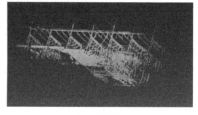

(a) 去噪前　　　　　　　　　　　(b) 去噪后

图 6.13　3DReshaper 点云去噪前后对比

图 6.14　Cyclone 软件点云数据导入

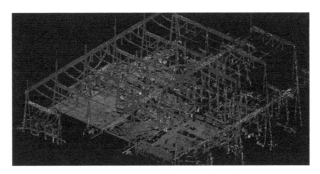

图 6.15　Cyclone 软件点云数据分割

根据三维激光扫描数据的特点,在处理三维激光扫描数据的过程中,一般有高斯滤波、中值滤波和平均滤波的算法,这些方法的滤波效果各不一样。中值滤波的算法是根据滤波的窗口内各个点云数据的中值作为滤波的标准,该算法可以相对比较好地消除一些尖锐的点云数据;均值滤波的算法是根据滤波的窗口内各个点云数据的均值作为滤波的标准;而高斯滤波的算法是在指定的地域内根据权重做一些滤波的标准,该算法可以较完整地保护实体目标点云数据的形态。一般在实际的环境中先对点云数据进行去噪处理,可以根据后续工作的需要和点云数据的精度,再利用这些算法进行精简优化,可以更有效地对数据进行建模和处理。

2. 点云数据的压缩处理

在点云压缩优化方面,采用点与点之间的距离的优化方法。本案例数据采集的点云有四百万之多,数据加载缓慢,经过采用 Geomagic Studio 给点云数据进行优化压缩之后,数据变得精简了许多,过程及操作步骤如图 6.16 和图 6.17所示。

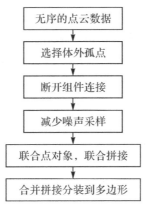

图 6.16　Geomagic Studio 数据优化流程

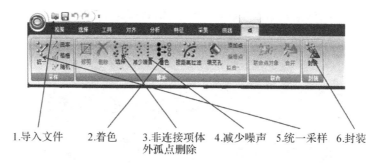

1.导入文件　　2.着色　　3.非连接项体　4.减少噪声　5.统一采样　6.封装
　　　　　　　　　　　外孤点删除

图 6.17　数据处理操作步骤

在数据选择的过程中,有很多关于数据优化的参数选择,根据距离还有敏感度的不同,可以将这些点云数据进行基础的筛选。首先选择不同的距离放大点云数据进行观察,浏览精简的数据是否可以达到要求;然后变换不同的敏感度,可以将实体中曲率大的地方保存下来,使细小的地方得到表现;最后通过统一采样的方法,确定最终数据精简的数量。统一采样是根据综合考虑距离、密度、曲率等因素得到的点云数据,不会减少有用的点云数据。统一采样可将点云数据的个数降到最合理范围内。

6.2.3　变电站三维模型

对于建筑物或构筑物,在表面模型的重建过程中,如果需要生成三维的几何模型,就需要将目标物进行三维扫描,得到点云数据的点坐标信息。大量的点云数据在网格化的操作主要是通过建立点云的三角网形式,即根据大量的点云数据建立三角网,在保证原始的点云实体轮廓的前提下,能够大大地提高建模的速度,节省运算的时间。

1. 模型的三维表示

三维激光扫描数据是一些密集的点的集合,具有位置坐标信息和各个点的强度信号信息等。有三种三维模型表示方法:一是基于点云的三维模型表示,二是基于表面网格的三维模型表示,三是基于实体的三维模型表示。基于点云的三维模型表示,点是构成其他模型的基础,将点云数据放大看的话,会发现这些密集的点云是由许多点构成的,点与点之间是相互独立没有联系的。所以,基于单点无法对这些点数据进行模型表示。利用点云数据构造一些三角网格可以对模型进行表示。其中,通过对扫描点云进行三角网的重构可以有效地表示出目标物的轮廓,这种方法比较好地保留了实体的外部特征。构建网格来塑造模型是一个较好的重建模型方法。基于实体的三维模型表示是利用实体的几何形状来表示三维的一种方法。通过比较小的数据来表示复杂的实体模型,其基本原理是通过建筑物的基本体积单元进行布尔运算,得到 CSG 树表示物体三维结构的,这种方法适用于拓扑结构的表示。

2.基于变电站设备特征的单体重建

本案例所研究的内容是根据忻州五寨 550 kV 变电站的扫描数据,根据三种软件进行处理,总共分为点云的处理、模型处理、模型优化三个阶段。Geomagic Studio、Cyclone、3DReshaper 三种软件有各自的特点:Geomagic Studio 的特点是优化数据的模式多,Cyclone 的特点是可以建立单体模型,3DReshaper 的特点是对单体点云数据处理更精细。本案例分别利用了三种建模软件尝试对模型进行重建,Geomagic Studio 和 3DReshaper 的建模效果达不到预期效果,如图 6.18 和图 6.19 所示,最终采用了 Cyclone 进行变电站建模。

图 6.18　Geomagic Studio 的建模成果

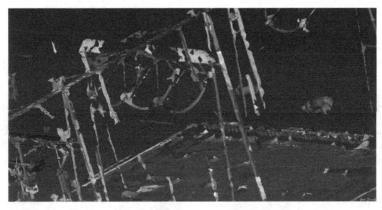

图 6.19　3DReshaper 的模型成果

在新模型空间的重建过程当中,要利用 Rectangle Fence Mode 工具,框选需要重建的模型数据,生成新空间后需要进行多余数据的删减,仅存需要重建的模型部分,如图 6.20 所示。

图 6.20　框选后含有多余数据

　　数据修改完毕(图 6.21),通过 Region Grow 操作,把该模型重建出来,如图 6. 22 所示(彩图见附录)。在处理过程中,会有很多错误的出现,扫描数据有精度误差,也有非特征点的出现,所以需要将每处出现的问题分开进行操作。总体来说,有以下问题的出现:数据残缺(没数据、数据不足、数据错误)、可选构建的模型种类不够等。涉及问题的处理过程有多种,如平移、旋转、追踪、对接、复制之后的变形,三维空间中与数据云的拟合等。不同情况下,处理的程度也有不同。

图 6.21　修改之后的模型数据云　　　　图 6.22　变电站的单体模型

　　需要平移的情况在楼梯护手栏杆的地方,由于数据会有残缺,需要根据已有的

完整栏杆平移过去补充完整,操作过程为 Edit Object|Move,在该操作中也可进行旋转的变化工作(需要设置平移旋转的不同参数)。

平移有两个选项,选项内有平移遵循的规则,可根据需要进行选择,如图 6.23所示。旋转有三个参数设置,最主要是选择合适的平移参考系,其他参数对旋转影响不是太大,可根据需要设计尺寸。

图 6.23　平移旋转参数设置

可选的模型构建选项内不含有圆环,因而对于圆环的构建比较麻烦,需要对圆环重建模型空间,操作同上。在新空间内,根据多选的方式,对圆环进行追踪。圆环模型的点云数据如图 6.24(a)所示。

该过程并没有合适的模型选项可供选择,所以,利用追踪数据的方法,对模型进行重构。先用 Pick Mode 选择一个特征点,用 Multi-Pick Mode 依次选择其他的点直至完成特征点的选择,在 Region Grow 中,选择 Pipe Run 设置参数进行模型构建,最终出现的结果如图 6.24(b)所示。如果有多余或者不合适的地方,可以进行继续追踪,直至与点云的拟合最相关。

(a)点云　　　　　　　　　(b)模型

图 6.24　圆环模型的点云数据和模型

当各个小构件的模型建立完后,因为模型之间是根据点云数据拟合的,并不是完全根据实体拟合的,所以会有很多地方不衔接,可以用对接完善模型。

先用 Pick Mode 选择一个模型,再用 Multi-Pick Mode 选择其他模型,在编辑窗口 Edit Object 选择 Extend 中的选项就可以完成模型的对接。其他模型的操作也是同样的方法,最后会得到这些单体模型。在变电站中,各个单体是重复的,为了进行整个变电场的模型建立,需要进行模型拷贝和平移,如果数据很完整的话,也可继续从点云数据到模型建立的过程。图 6.25 为构建完整的多个单体模型。

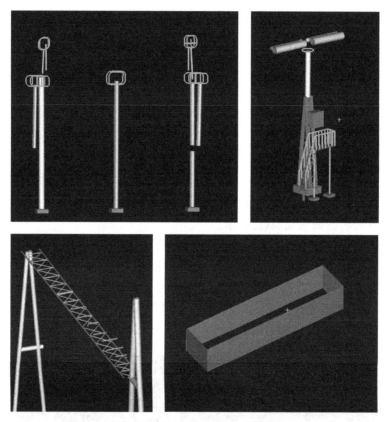

图 6.25　变电站模型的各个单体

3. Cyclone 软件建模

本案例根据忻州五寨 550 kV 变电站的扫描数据得到变电站的部分模型,由于扫描数据的限制,只完成了完整数据的建模过程,具体步骤如下:

(1)点云数据在平面的拟合。在 Cyclone 软件当中,Region Grow 是创建各个模型的共有选项,里面涉及一些模型的建立方法,平面的拟合是根据一定的算法将数据点以一定的基础进行拟合。Patch 是建立面的模型,选择需要建立的点,会出现一些以点构成的一个小面域,根据空间需要可以进行拉伸。

(2)点云数据在管道的拟合。在 Cyclone 软件中,通过 Region Grow 内的 Cylinder 可以建立管道模型,选项内有直径的调节、长短的调整和色彩变化。

(3)点云数据在球体的拟合。在 Cyclone 软件中,通过 Region Grow 内的 Sphere 可以进行球体模型的建立。

(4)点云数据平滑表面建立。在 Cyclone 软件中,通过 Region Grow 内的 Smooth Surface 可以进行球体模型的建立。

(5)点云数据弯管的建立。在 Cyclone 软件中,通过 Region Grow 内的 Pipe Run 可以进行球体模型的建立。

模型的各部分会根据数据和实体的不同,用不同的建模方法。在最终的模型建立完之后,需要对重复或者已知模型进行复制,该操作会大大减少工程的时间消耗,同时对已经形成的模型也是一种运用,大大提高了有效时间的利用率。

图 6.26 为根据已建立的单体,进行模型的平移、旋转操作。在选择模型时,需要进行所有模型的选取,由于数据比较多,容易漏选,必须找到一个能选取所有单体模型的方法。在 Cyclone 当中,单击一个模型的一小部分之后,选择 Selection|Select All,则可以全选,然后进行平移、旋转就方便多了,如图 6.27 所示。

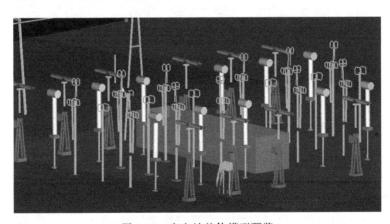

图 6.26　变电站整体模型预览

在模型的平移阶段,需要选择方向,可以通过参考面的选择去确定一个参考系,然后就可以根据模型需要到达的方向进行移动。选择了参考面,即可进行比较准确的移动。

从图 6.28 可看出建立参考面后,进行模型的移动会比较直观、方便。在三维激光数据扫描工作完成后,利用相关建模软件,进行变电站设备及地区的模型重建。

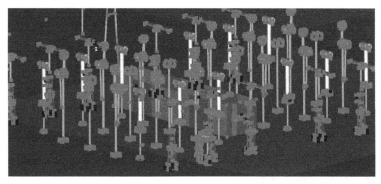

图 6.27   模型处于选择状态

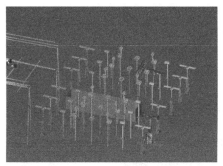

(a) 选择参考面   (b) 按参考面平移

图 6.28   选择参考面平移操作

6.2.4   变电站空间分析

对扫描获取的点云数据进行处理并进行表面重构三维模型后,可以对模型进行各项操作,绘制工程应用中的图件用于施工和保存,如三视图、二维轮廓图。

1. 模型三视图的制作

在 Cyclone 中进行了模型构建后,需要将模型导出,在 Cyclone 中模型导出的格式有 DXF、TXT、XYZ、PTS 等,如图 6.29 所示。变电站属于在工程当中的应用,所以导出 DXF 文件在 AutoCAD 中进行图件的制作比较方便,利于图件发挥更大的作用。

本节利用的是楼梯组合,在 Cyclone 中导出了一个楼梯组合的模型,并在 CAD 中进行编辑。

Cyclone 建立的楼梯组合模型在 AutoCAD 中显示如图 6.30 所示。三视图是对三维模型进行不同方向的投影,可以更清晰地看出不同方向的细节,辅以标注,对于工程图件(变电站设备)而言可进行保存和再设计。在 AutoCAD 中,设置页面尺寸,然后进行视口的设置进行转换不同的模型空间。如图 6.31 所示利用 Sloprof 命令合成的为变电站楼梯组合三视图。

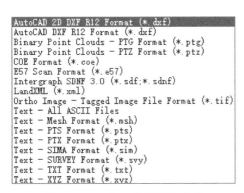

图 6.29　Cyclone 导图可选类型　　　　　　图 6.30　AutoCAD 效果

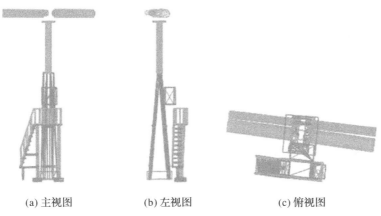

(a) 主视图　　　　　　(b) 左视图　　　　　　(c) 俯视图

图 6.31　变电站楼梯组合三视图

　　三视图包括了俯视图、左视图、主视图。俯视图是将模型向水平面进行投影,投影之后取出建筑物顶部的外部轮廓线及其他特征线,主要是获取该图件的顶部轮廓信息。

2. 变电站立面图的制作

　　将变电站立面正投影到与它平行的投影面上,得到的图形称为变电站设备的立面图。变电站设备的立面图能够很好地反映建构筑物或设备的结构特征、装饰及整体外貌。

　　将本案例中设备的立面图以 DXF 的格式导入 AutoCAD,可以显示出变电站设备楼梯组合的整体立面线划图。楼梯组合是个比较复杂的建筑物,其中有很多的细部需要在软件中进行修饰和改正,以给用户呈现更加完美的视图。在软件中修饰完毕后,标注好各构件的尺寸,并标注上制作单位、操作人员及比例尺等,从而完成楼梯组合立面图的制作。变电站楼梯组合的立面图如图6.32所示。

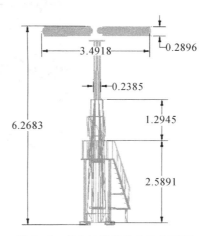

图 6.32　变电站楼梯组合的立面图

由于变电站的立面图是带有三维坐标的图形,在 AutoCAD 中,用户可以直观地看到变电站楼梯组合的整体外形,而且还可以在软件中获得自己需要的点云信息。

本节主要讨论了利用三维激光扫描测量技术进行变电站单体建模后,模型在变电站测绘中的应用,也就是利用变电站的模型直接进行这些供电设备的立面图、三视图、二维线化图等图件的绘制,对这些图件进行标注后,直接用到后续工程的设计。

§6.3　交通事故处理

6.3.1　数据采集及点云处理

1. 数据采集

为了便于数据扫描,本案例模拟了一次小型的交通事故,事故发生的地点位于太原理工大学校园内,该地点附近是一个十字路口,有电杆、树木、草坪、交通标志等地形元素。当然对于交通事故而言,主要的现场元素还是事故车辆。如图6.33所示,为一起小型的两车追尾交通事故。追尾的是一辆小型家用汽车,被追尾的是一辆中型的大巴。

图 6.33　模拟事故现场

针对交通事故现场的情况,确定扫描的测站数及测站的位置。由于该事故车辆接近马路的一边,并考虑到之后需要对事故车辆进行三维建模,因此,在事故车辆周围设定了 2 个测站,扫描共耗时 20 分钟。图 6.34 为扫描现场。

图 6.34　扫描现场

2. 点云处理

点云处理主要包括数据配准、去除噪声和点云缩减。主要使用的点云处理软件为 Cyclone。

1) 数据配准

由于事故现场范围较大,并且对肇事车辆的数据要求较高,每一个测站只能扫描该范围内的目标,而不能一次完成整个事故现场的扫描。在事故现场共设置了 2 个测站,获得 2 个测站的扫描数据。为了获得完整的点云数据,需要对 2 站数据进行数据配准。数据配准是将 2 个或 2 个以上坐标系中的大容量三维空间数据点云转换到同一坐标系中。配准有很多方法:一是利用标靶球,将 2~3 个标靶球置于 2 次扫描的连接处,通过对标靶球的连接实现扫描数据的配准;二是利用测站坐标,在扫描之前先用全站仪测量测站的坐标,确定扫描的测站位置,扫描所得的数据点云在同一坐标系下;三是利用数学计算,如四参数配准算法、六参数配准算法、迭代最近点法、基于点线面几何特征约束的配准方法等。在本案例中,采用了第二种方法进行数据配准。在实际操作中,设站之前都要对已知坐标点进行后视,才能将 2 站不同的三维数据统一到一个坐标系中。如图 6.35 和图 6.36 所示分别为第一站和第二站所测得的数据。

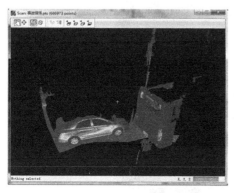

图 6.35　第一站测得的数据

图 6.36　第二站测得的数据

2)噪声去除

在扫描获取的点云中包括许多噪声,如周围的树木和小型的构筑物。这些噪声在进行点、线、面处理之前应该被删除。在删除噪声点时可以根据拍摄的全景相片进行适当的比对,当确定为噪声数据之后可以用 Cyclone 中的 Fence 操作选中噪声点,并用 Delete 命令将其删除。如图 6.37 和图 6.38 所示分别为有噪声点和去除噪声点之后的点云数据。

图 6.37　有噪声点

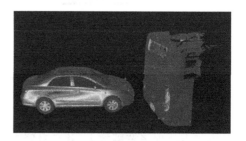

图 6.38　去除噪声点之后

3)点云缩减

尽管在实际测量中可以选择扫描的密度,但是三维扫描得到的数据点的数量仍旧会很大,为了提高处理的速度,应该在进行模型重建之前进行精简处理。

6.3.2　交通事故三维建模

本案例主要利用 Geomagic Studio 软件进行三维建模,Geomagic Studio 建模遵循点→多边形→曲面三个紧密联系的处理阶段,该软件可以高效地利用点云数据拟合出多边形格网,并自动转换成 NURBS,保证建模的效率。

1. 点云阶段

首先,将从 Cyclone 中得到的车辆点云数据以 PTS 或 XYZ 的格式导出,再将其导入 Geomagic Studio 中。图 6.39 为数据导入后的形式。

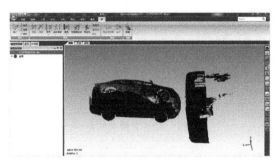

图 6.39　数据导入

1)点云着色

为了更加清晰、方便地观察和处理点云数据,首先要对点云数据进行着色处理,使其表现出不同的反射率。图 6.40 为着色后的点云。

图 6.40　着色后的点云

2)去除非连接项及体外孤点

(1)去除非连接项。此操作目的在于选中并去除偏离主点云一定距离的点束。如图 6.41 中方框内的点云为非连接项。被选中的点云其实是扫描得到的地面数据而并非车辆本身。

(2)去除体外孤点。体外孤点是距离主点云相对较远的点云数据,它们会严重影响后期分装出多边形网格的质量,所以必须删除。

(3)减少噪声。此处的减少噪声,与前面点云数据预处理的去噪有一定的区别。Geomagic Studio 中减少噪声的目的是移动偏差较大的点云数据,使其变得平滑,使点云数据统一排布,直接决定分装后形成曲面的精度。根据不同的建模要求选择合适的减噪方式,可以通过观察颜色的分布调试降噪参数的设置,如图 6.42所示。

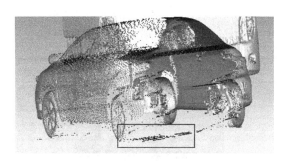

图 6.41　点云中的非连接项

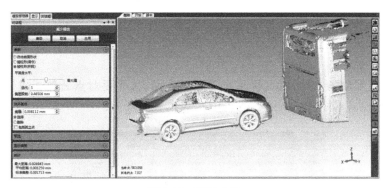

图 6.42　降噪参数

3)点云的采样与分装

(1)采样。采样是为了减少点云的数量,使点云的运算速度更快,提高建模效率,如图 6.43 所示为采样后点云。

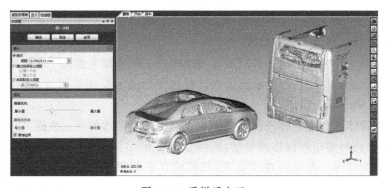

图 6.43　采样后点云

（2）点云封装。经过上述操作后，点云总数减少了一半，这些处理都是为了点云数据能更好地封装成三角形网格。将点云数据封装成三角网就进入多边形处理阶段了，封装好的三角网模型如图 6.44 所示。

图 6.44　封装后点云

2．多边形阶段

通过观察封装好的三角网模型可以发现，表面有很多的洞，还有很多相互交叠在一起的三角网，多边形处理阶段就是要对封装好的数据进一步处理，得到一个理想多边形模型，为精细曲面阶段的处理打下基础。

1）模型分割

由于封装后三角网格数据量非常大，直接对整体处理需要相当长的计算时间，因此需要对模型进行分割，逐块进行处理。本案例对上述的模型分割为小汽车的车体、小汽车的前后轮及大巴车的后部。以大巴车的后部为例，分割只需使用套锁选择工具选中除了大巴车之外的区域部分，按 Delete 键即可得到如图 6.45 所示的大巴车后部模型。按同样的方法，依次分割出其余的部分，就可以进行下一步的处理。

图 6.45　分割完成的大巴车后部

2）破洞填补

在多边形处理阶段中,破洞填补是工作量最大的一个环节,也是影响建模质量的关键环节。所谓的破洞主要是由于扫描死角的存在或者扫描过程中外界因素的干扰引起的数据缺失。

如图 6.46 所示为分割后的轮胎,由于扫描有死角,位于内侧的轮胎没有进行扫描,存在大量数据的缺失。

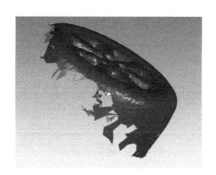

图 6.46　数据缺失的轮胎

因为轮胎数据严重缺失,对于轮胎的填补,本案例利用了 Geomagic Studio 中的镜像对其进行修补。考虑轮胎的形状较为规则,且属于对称图形,因此利用镜像还原后的轮胎对模型建立影响不大。

如图 6.47 所示,使用镜像工具时,选取镜像的平面十分关键。

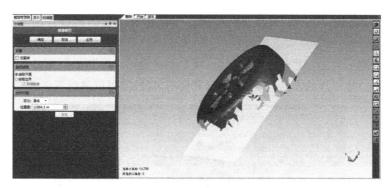

图 6.47　镜像平面的选取

镜像后的数据还是会存在一定的破洞,这时需要对每个单独的洞进行填补。填补单个洞的方法有三种:填充完整孔、填充边界孔和生产桥填充。

（1）填充完整孔。填充完整孔用于填充具有完整闭合边界的孔,如图 6.48(a)和图 6.48(b)分别为填充前和填充后的效果。

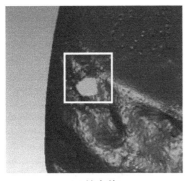 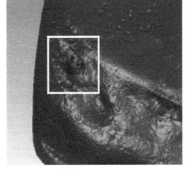

(a) 填充前 (b) 填充后

图 6.48 填充完整孔

(2)填充边界孔。填充边界孔可以填充边界缺口和没有完整闭合的孔;也可以将比较大的完整孔分成多个部分进行填充,最后即可完成边界孔的填充,如图 6.49 所示。

(3)生成桥填充。指定一个通过孔的桥梁,以将孔分成更小的孔分别填充,更准确地拟合表面曲率。通常使用此工具对悬空部分区域进行填充。生成桥填充效果如图 6.50 所示。

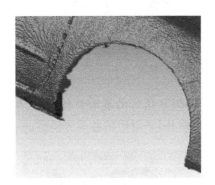 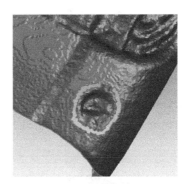

图 6.49 填充边界孔 图 6.50 生成桥填充

在修补过程中,会出现由相交三角形引起的误差,如图 6.51(a)所示。这种情况仅是依靠后期网格修复是无法完成修正的,需要利用选择工具将相交部分选中并删除,使其变成孔,如图 6.51(b)所示,然后利用修补孔的方法将其修复。但是注意删除部分不宜过大,否则会导致补孔后曲率和平滑度发生较大偏差。

在补洞完成后,还需对模型进行钉状物的删除及打磨处理。这些操作主要是为了去除模型表面不规则突变和粗糙的部位。

如图 6.52 所示模型表面深色的部位为钉状物。利用【网格医生】,设置相应的参数后可以对其进行修复。

 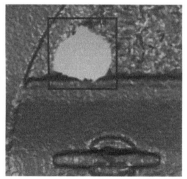

(a) 删除前　　　　　　　　　　　　(b) 删除后

图 6.51　相交三角形删除

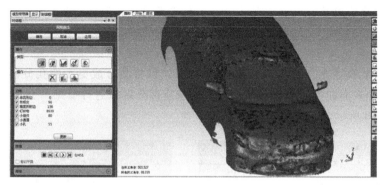

图 6.52　模型钉状物的修复

　　去除钉状物之后的打磨处理则是用于调整三角形的抗皱夹角,使三角网格更加平坦和光滑。如图 6.53 和图 6.54 所示为修补、平滑后的各部分模型。

(a) 轮胎　　　　　　　　　　　　(b) 大巴车后部

图 6.53　修补、平滑后的轮胎和大巴车后部

图 6.54　修补平滑后的汽车模型

　　经过破洞修补、删除钉状物及打磨处理后的各个模型需要合并。合并操作只要选中需要合并的 4 个图层,单击工具栏上的【合并】按钮,按照默认设置进行合并即可。如图 6.55 为汽车和 4 个轮胎合并之后的结果。

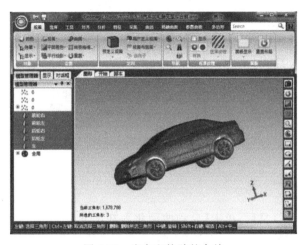

图 6.55　汽车和轮胎的合并

　　在多边形阶段可以对修饰之后的模型进行上色,颜色的选取主要根据拍摄的全景相片,如图 6.56(彩图见附录)为完成合并及上色之后的模型。

图 6.56　交通事故碰撞三维模型

3. 曲面阶段

曲面阶段是通过基本的探测编辑轮廓线、曲率，创建曲面片，并对曲面片进行编辑来创建一个理想的 NURBS 曲面，完成模型的逆向构造。

1）曲面片的构造和编辑

单击【精确曲面】，选择【构造曲面片】，设置指定的【曲面片计数】或【自动估计】。创建出的曲面片中存在一些如相交路径、高度交点等问题，需要进行曲面片的编辑，单击【修理曲面片】，进行曲面片的编辑，如图 6.57 所示。

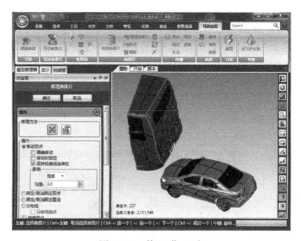

图 6.57 修理曲面片

2）自动曲面化

在完成曲面片修复后，单击【自动曲面化】，在图 6.58 中显示的对话框中设置完成后，单击【确定】即可得到 NURBS 曲面模型，如图 6.59 所示。

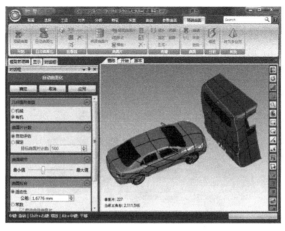

图 6.58 自动曲面化设置

图 6.59　自动曲面化后效果

4. 精度分析

在建模过程中采取了多种处理手段,它们都会对模型的精度造成影响,建好的模型与最初的点云数据之间必然存在着偏差,进行精度分析的依据就是建好的模型与点云数据之间的偏差值。Geomagic Studio 中设置好偏差参数后可以得到偏差色谱图,如图 6.60 所示。观察色谱图可以得出结论:模型总体与点云数据偏差不是很大,平均偏差在 $-0.031 \sim 0.035$ m,在标准偏差值以内,符合精度要求。

图 6.60　偏差色谱图

5. 事故车辆之间的空间位置

事故车辆的空间位置主要通过车辆与道路两边的距离及相应的角度来体现,当然事故车辆之间的相对位置关系也可以用来描述它们的空间位置。所以根据相同比例还原的事故现场模型可以为上述数据提供量测依据。利用相应的测量工具就能够得到所需的方位数据。

在 Geomagic Studio 中就有可以量测模型上不同点位之间距离的工具,如图 6.61所示,此外还可以根据原有的点位空间坐标来计算相应的距离和角度。

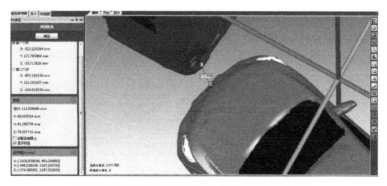

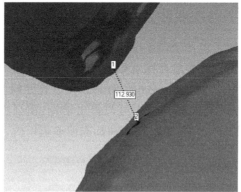

图 6.61　Geomagic Studio 中的测量工具

参考文献

罗旭,2006.基于三维激光扫描测绘系统的森林计测学研究[D].北京:北京林业大学.

金雯,2007.基于三维扫描技术的交通事故现场快速处理[D].上海:同济大学.

刘勃妮,2006.三维激光扫描仪伺服系统研制[D].西安:西安科技大学.

马立广,2005.地面三维激光扫描仪的分类与应用[J].地理空间信息,3(3):60-62.

于辉,2016.依据桥面曲率变化的桥梁损伤识别方法研究[D].重庆:重庆交通大学.

王勋,2015.基于三维激光扫描的桥面变形检测技术应用研究[D].重庆:重庆交通大学.

张会霞,2010.三维激光扫描点云数据组织与可视化研究[D].北京:中国矿业大学(北京).

李智临,2012.三维激光扫描技术用于滑坡边坡空间分析[D].西安:长安大学.

彭维吉,李孝雁,黄飒,2013.基于地面三维激光扫描技术的快速地形图测绘[J].测绘通报(3):
     70-72.

袁根华,2011.RE与RP技术在模具行业中的应用[J].模具制造,11(2):85-90.

黄检文,2016.微信公众号引领女性图书出版营销市场[J].出版广角(22):61-62.

王治雄,2010.浅谈Pro/REPOR自动生成产品设计明细表的方法[J].黑龙江科技信息(26):82.

杨帆,2011.Lightscape和Vray在室内设计中的摄像机应用对比研究[J].百色学院学报,24(6):
     98-101.

吴晨亮,2014.基于三维激光扫描技术的建筑物逆向建模研究[J].北京测绘(5):9-11.

张亚,2011.三维激光扫描技术在三维景观重建中的应用研究[D].西安:长安大学.

饶毅,徐丙立,2017.基于三维激光扫描的快速建模方法研究[J].电脑与信息技术,25(1):8-10.

王潇潇,2010.地面三维激光扫描建模及其在建筑物测绘中的应用[D].长沙:中南大学.

张会霞,2014.基于3维激光扫描技术建筑物建模研究[J].激光技术,38(3):431-434.

刘妍,2012.楼盘虚拟漫游技术及应用研究[D].长沙:中南林业科技大学.

陈致富,2011.三维激光扫描技术在苏州古典园林中的应用[D].南京:南京工业大学.

孙正林,2011.三维激光扫描点云数据滤波方法研究[D].长沙:中南大学.

魏天翔,黄洁琼,2013.基于Geomagic的三维人体头像建模技术的研究[J].上海第二工业大学学
     报,30(2):117-122.

马青,张沫,2014.三维激光扫描在文物考古中的应用[J/OL].城市建设理论研究(电子版)(5).
     http://d.wanfangdata.com.cn/Periodical/csjsllyj201405276.DOI:10.3969/j.issn.2095-2014.
     2014.05.0552.

李燕,黄凯,2008.基于Geomagic的三维人体建模技术[J].纺织学报,29(5):130-134.

张维强,2014.地面三维激光扫描技术及其在古建筑测绘中的应用研究[D].西安:长安大学.

附　录　部分彩图

图 2.10　梅花教室某一外立面降噪前效果(红色为噪点,黄色为建筑主体)

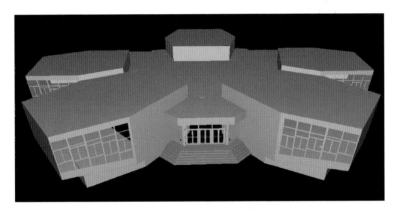

图 2.34　梅花教室三维模型

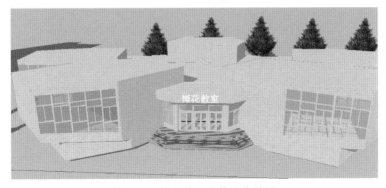

图 2.45　梅花教室整体渲染效果

图 2.86　翔源火炬颜色编辑图像

图 2.120　清韵轩餐厅建模效果

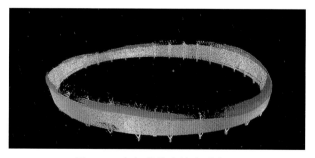

图 3.11　红灯笼体育馆去噪点云

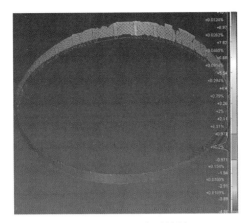

图 3.22　对比/检测结果

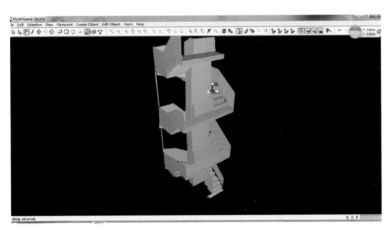

图 3.61　钢结构建模

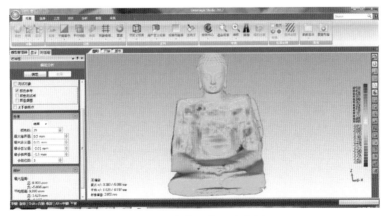

图 4.41　大佛风化程度分析

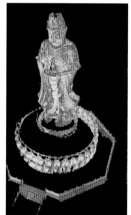

图 4.46　配准后的观音大佛

图 4.58　表面模型与原有建筑的对比检测

图 4.59　平整度的分析

图 4.70　封装后点云数据的效果

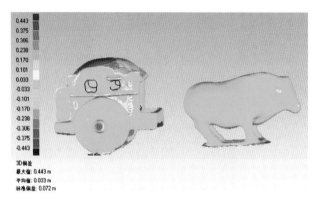

图 4.83　曲面模型与点云模型偏差

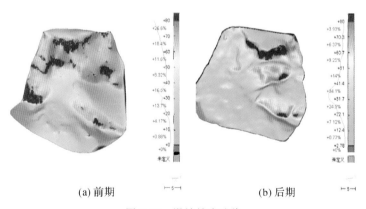

(a) 前期　　　　　　　　　　　　(b) 后期

图 5.15　滑坡坡度渲染

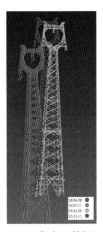

　　(a)扫描现场　　　(b)四期点云数据　(c)第一期与第四期点云对比

图 5.18　高压线 16 号铁塔三维激光扫描

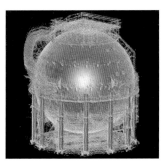

图 6.4　丙烷容器设计实体模型与点云

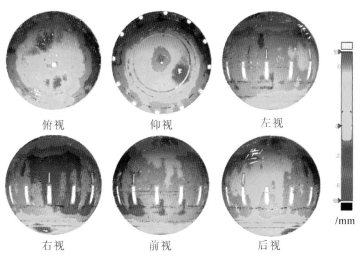

　　俯视　　　　　　　仰视　　　　　　　左视

　　右视　　　　　　　前视　　　　　　　后视

图 6.5　丙烷容器球体制造偏差云图

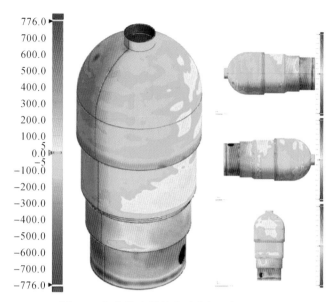

图 6.7　氯化物容器的腐蚀分析(单位:mm)

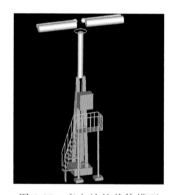

图 6.22　变电站的单体模型

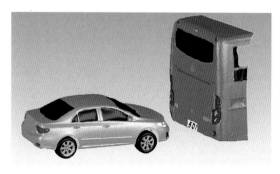

图 6.56　交通事故碰撞三维模型